Veronika Karnowski

Das Mobiltelefon im Spiegel fiktionaler Fernsehserien

VS RESEARCH

Veronika Karnowski

Das Mobiltelefon im Spiegel fiktionaler Fernsehserien

Symbolische Modelle der Handyaneignung

VS RESEARCH

Bibliografische Information der Deutschen Nationalbibliothek
Die Deutsche Nationalbibliothek verzeichnet diese Publikation in der
Deutschen Nationalbibliografie; detaillierte bibliografische Daten sind im Internet über
<http://dnb.d-nb.de> abrufbar.

Die vorliegende Arbeit wurde von der Philosophischen Fakultät der Universität Zürich
im Frühjahrssemester 2008 auf Antrag von Herrn Prof. Dr. Werner Wirth und
Herrn Prof. Dr. Hans-Bernd Brosius als Dissertation angenommen.

1. Auflage 2008

Alle Rechte vorbehalten
© VS Verlag für Sozialwissenschaften | GWV Fachverlage GmbH, Wiesbaden 2008

Lektorat: Christina M. Brian / Ingrid Walther

VS Verlag für Sozialwissenschaften ist Teil der Fachverlagsgruppe
Springer Science+Business Media.
www.vs-verlag.de

Umschlaggestaltung: KünkelLopka Medienentwicklung, Heidelberg
Gedruckt auf säurefreiem und chlorfrei gebleichtem Papier
Printed in Germany

ISBN 978-3-531-16149-5

Für meine Familie,
mit großem Dank an meine Lehrer Werner Wirth & Hans-Bernd Brosius.

Inhalt

Abbildungsverzeichnis

Tabellenverzeichnis

1 Einführung

Egal, ob man als S-Bahnpassagier unfreiwillig das Telefonat eines anderen Fahrgasts mitbekommt, im Kino den Hinweis erhält, doch bitte noch vor Beginn des Films sein Mobiltelefon auszuschalten oder sonntags, kurz vor sieben, im Ersten beobachtet, wie Mutter Beimer ihre Kinder via Handy von ihrem verspäteten Eintreffen unterrichtet: Die Gelegenheiten, die überdeutlich anzeigen, dass Mobilkommunikation über die Jahre umfassend Einzug in unsere Gesellschaft gehalten hat und mittlerweile als selbstverständlicher Teil in allen Lebenslagen angekommen ist, sind mannigfaltig.

Abbildung 1: Teilnehmerentwicklung und Penetration in deutschen Mobilfunknetzen

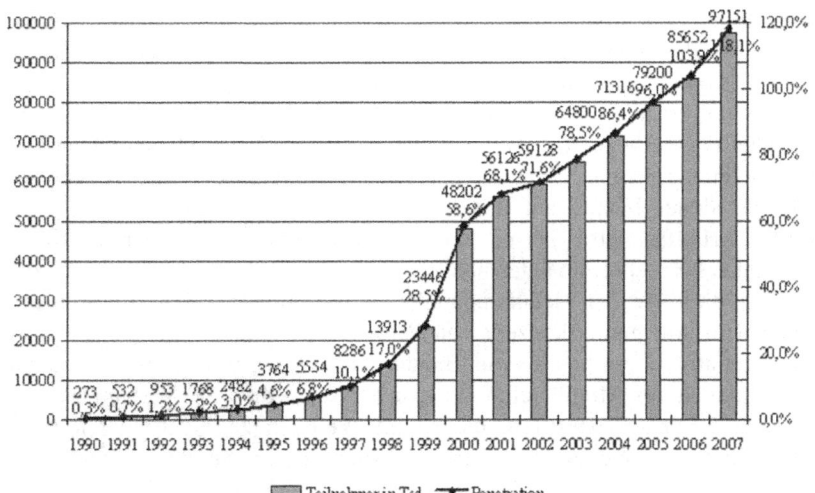

Quelle: Bundesnetzagentur 2008, S.81

Dabei entwickelte sich der Mobilfunk und mit ihm die Zahl seiner Nutzer in Deutschland, bedingt durch einen Preissturz, erst Ende der 1990er Jahre – und damit circa 40 Jahre nach seiner Einführung – so, dass von massenhafter

Verbreitung gesprochen werden kann (vgl. Abbildung 1). Seither ist nicht nur
das reine Nutzungsvolumen[1] weiter angestiegen, auch die Art, wie Mobiltelefone genutzt werden, hat sich fortwährend gewandelt. Nach und nach wurden zu-
sätzliche neue Dienste und Services eingeführt, so dass sich das ehemals als
mobiles Telefon gestartete Handy heutzutage als umfassender Innovationscluster begreifen lässt, der mittlerweile neben Diensten der Individualkommunikati-
on in den meisten Fällen auch massenmediale Anwendungen beinhaltet.

Konsequenterweise greift die reine Betrachtung des binären Adoptionspro-
zesses eines derartigen medialen Innovationsclusters zu kurz, um deren Erfolg
beschreiben, erklären und prognostizieren zu können. Vielmehr gilt es die Aneignung des Innovationsclusters zu betrachten, d.h. die Entstehung und Veränderung der Nutzungsweisen zu erklären und damit über die Prognose reiner Adop-
tionsprozesse hinauszugehen. Die vorliegende Arbeit greift hierfür auf das Konzept der Aneignung neuer Kommunikationsdienste zurück. Dieses wurde von
Wirth, von Pape & Karnowski (2007a, 2008) auf Basis zweier Forschungstraditionen entwickelt – der qualitativ orientierten Aneignungsforschung sowie der
quantitativ orientierten Adoptionsforschung – und erlaubt es, den Prozess der
Alltagsintegration des Mobiltelefons sowie der damit einhergehenden
Änderungen in den Nutzungsweisen zu beschreiben. Zentral für diesen Prozess
ist die Metakommunikation, d.h. interpersonale oder auch massenmedial vermittelte Kommunikation über Aspekte der Mobilkommunikation, welche als
Katalysator des Aneignungsprozesses gilt.

Ziel der vorliegenden Arbeit ist es, den Bereich der Metakommunikation
im Aneignungsprozes näher zu beleuchten. Konkret soll das Wirkpotential
massenmedialer Inhalte auf den individuellen Aneignungsprozess untersucht
werden. Hierfür wird beispielhaft die Darstellung des Mobiltelefons in
fiktionalen Fernsehserien untersucht.

Um diese Art der Metakommunikation untersuchen zukönnen, greifen wir
neben dem Aneignungskonzept von Wirth et al. (2007a, 2008) auch auf die
sozialkognitive Lerntheorie von Bandura (1977) zurück. Damit werden die
Darstellungen des Mobiltelefons in den Massenmedien als Verhaltensmodelle
für den Zuschauer begriffen, die es im Weiteren zu identifizieren und zu
beschreiben gilt. Weiterhin sollen im Rahmen dieser Studie die begleitenden
motivationalen Aspekte analysiert werden, die ihrerseits Aufschluss darüber
geben, wie wahrscheinlich eine Nachahmung der modellierten Verhaltensweisen durch den Rezipienten ist.

Empirische Grundlage der Arbeit ist eine Inhaltsanalyse handyrelevanter
Szenen der zwischen 1996 und 2006 ausgestrahlten Episoden von fünf Fernseh-

---

1   Das Volumen abgehender Gespräche hat sich von 17.401 Minuten im Jahr 1999 auf 57.112 Mi-
     nuten im Jahr 2006 erhöht (vgl. Bundesnetzagentur 2008, S. 82).

serien. Diese werden hinsichtlich des Aneignungsaspekts sowie aus der Perspektive der – aus der sozialkognitiven Lerntheorie entlehnten – motivationalen Aspekte untersucht. Aus diesem Forschungsvorhaben ergibt sich der Aufbau der vorliegenden Arbeit:

Der erste Teil wendet sich der Handyaneignung als Forschungsgegenstand zu, der auf zwei verschiedenen Forschungstraditionen gründet: dem Adoptions- (Kapitel 2.1.1) und dem Aneignungsparadigma (Kapitel 2.1.2). Im Anschluss an deren Erläuterung stellen wir das auf diesen beiden Traditionen aufbauende, integrative Mobile-Phone-Appropriation-Modell (MPA-Modell) von Wirth et al. (2007a) dar. Hierfür werden zunächst grundlegende Anforderungen an ein sich integrativ aus den beiden genannten Forschungsparadigmen ableitendes Modell beschrieben (Kapitel 2.2.1), ehe der empirische Prozess der Entwicklung des MPA-Modells durch Triangulation qualitativer und quantitativer Daten (Kapitel 2.2.2) sowie der theoretische Aufbau des MPA-Modells veranschaulicht werden (Kapitel 2.2.3). Zum Ende dieses ersten Teils setzt sich die Arbeit mit ersten Erkenntnissen auseinander, die die empirische Umsetzung des MPA-Modells anhand der MPA-Skala bisher liefern konnte (Kapitel 0).

Der zweite Teil der theoretischen Ausführungen wendet sich der sozialkognitiven Lerntheorie zu. Hierbei wird zunächst die operante Konditionierung als Grundlage vorgestellt (Kapitel 3.1), ehe im Anschluss den Grundannahmen der sozialkognitiven Lerntheorie das Hauptaugenmerk gehört (Kapitel 3.2). Darauf aufbauend werden weiterhin die Prozesse des stellvertretenden Lernens dargestellt (Kapitel 3.3). Einblicke in den Bereich der Verhaltensmodelle im Kontext der sozialkognitiven Lerntheorie bilden letztlich den Abschluss dieses Abschnitts (Kapitel 3.4).

Der dritte und letzte Teil der theoretischen Ausführung wendet sich den symbolischen Modellen zu. Zunächst wird hier der Forschungsstand zu symbolischen Modellen und ihrer Wirkung resümiert (Kapitel 4.1). Daran anschließend werden symbolische Modelle im Kontext des MPA-Modells verortet (Kapitel 4.2), ehe Überlegungen zur Relevanz verschiedener Genres und Gattungen im Kontext der sozialkognitiven Lerntheorie diesen Teil der Arbeit beenden (Kapitel 4.3).

Anhand des so geschaffenen theoretischen Rahmens wird nachfolgend das explorative Forschungsinteresse dieser Arbeit mit Hilfe von Forschungsfragen spezifiziert (Kapitel 5), dementsprechend ein geeignetes Forschungsdesign konzipiert und umfassend auf dessen Details eingegangen (Kapitel 1). Nach einer Darstellung der zentralen Ergebnisse (Kapitel 7) bilden die Zusammenfassung des theoretischen Vorgehens, der wichtigsten Erkenntnisse und ein Ausblick den Schluss (Kapitel 8).

Die vorliegende Arbeit will dabei zu keinem Zeitpunkt Aussagen darüber treffen, warum verschiedene handybezogene Verhaltensmodelle in dieser oder jener Form im untersuchten Material vorzufinden sind oder welchen Einfluss diese Verhaltensmodelle konkret auf den individuellen Aneignungsprozess haben. Vielmehr lautet das explizite Anliegen, diese Verhaltensmodelle a) allein im Hinblick auf Aneignungsaspekte und motivationale Aspekte zu untersuchen und darauf folgend b) diese Verhaltensmodelle zu beschreiben sowie Annahmen über ihre Wirkung aufzustellen.

2 Handyaneignung als Forschungsgegenstand

Mobilkommunikation ist ein dynamischer Bereich, der sich in den vergangenen zehn Jahren im größten Teil der deutschen Bevölkerung etabliert hat (vgl. Kapitel 1). Gleichzeitig entwickelt sich dieser Sektor gegenwärtig rasant weiter und die Palette der angebotenen Dienste erweitert sich stetig. Wie integriert nun der einzelne Nutzer diese Dienste in sein alltägliches Leben?

2.1 Zwei Forschungstraditionen – ein Gegenstand

Die Frage, wie sich eine Innovation weiterentwickelt, wenn sie einmal die Entwicklungslabors verlassen hat und in die Hände der Nutzer gelangt ist, wird aus zwei theoretisch und methodisch so grundlegend verschiedenen Perspektiven untersucht, dass man von zwei Paradigmen sprechen kann. Die Ausrichtungen beider Paradigmen lassen sich anhand der Phasen von Rogers (2003) „Innovation-Decision-Process" unterscheiden (vgl. Abbildung 5).

Während die Adoptionsentscheidung im Fokus des *Adoptionsparadigmas* liegt, ist die weitere Implementierung einer Innovation zentrales Interesse des *Aneignungsparadigmas*. Und obwohl sich beide Paradigmen methodologisch grundlegend unterscheiden, erweisen sie sich bei genauer Betrachtung dennoch als inhaltlich wie methodologisch komplementär.

2.1.1 *Adoptionsparadigma*

2.1.1.1 Klassische Diffusionsstudien

Konstitutives Merkmal des Adoptionsparadigmas ist seit den ersten Diffusionsstudien (vgl. Ryan & Gross 1943) die Dichotomie zwischen Adoption und Ablehnung einer Innovation. Diese Dichotomie erlaubt eine Betrachtung des Adoptionsverlaufs sowohl auf Makro- als auch auf Mikroebene.

2.1.1.1.1   Makroebene

Auf der Makroebene lassen sich die Verbreitung einer Innovation in sozialen Systemen untersuchen sowie Adopterkategorien identifizieren. Was die Ausbreitung von unterschiedlichen Innovationen in sozialen Systemen betrifft, so wird diese idealtypisch durch eine S-Kurve beschrieben. Die Steigung dieser Kurve variiert je nach Art der Innovation. So identifiziert Rogers variierende Verläufe der S-Kurven für interaktive und nicht-interaktive Innovationen (vgl. Rogers 1995, siehe Abbildung 2).

Abbildung 2: Vergleich der Adoptionsraten einer interaktiven und einer nicht-
interaktiven Innovation

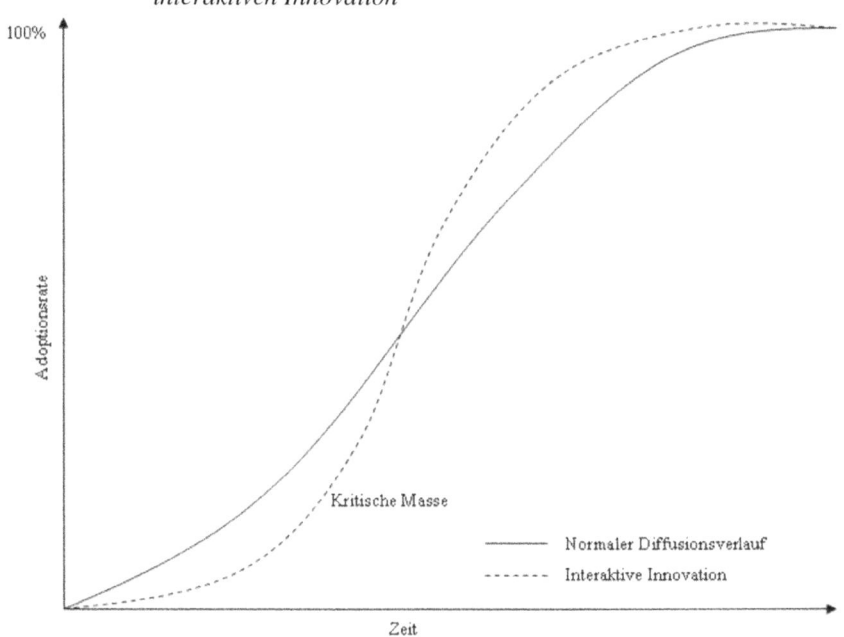

Quelle: Rogers 1995, S. 31

Die Unterschiede in den Verläufe der S-Kurven liegen im Effekt der kritischen Masse begründet: Während singuläre Güter ihren Nutzen aus der Beschaffenheit des Gutes selbst beziehen (ein Seife ist beispielsweise aufgrund ihrer Beschaffenheit allein, ohne weitere Bedingungen zum Waschen geeignet), weisen Netzeffektgüter neben diesem originären Nutzen noch einen derivaten Nutzen auf. Dieser derivate Nutzen ist umso größer, je höher der Verbreitungsgrad der Innovation ist. In diesem Sinne sind Mobiltelefone Netzeffektgüter. Neben ihrem originären Nutzen, nämlich damit Festnetzanschlüsse anrufen zu können, haben sie auch den derivaten Nutzen andere Mobiltelefone erreichen zu können. Dieser derivate Nutzen steigt mit einer zunehmenden Zahl an Mobiltelefonen. Systemgüter schließlich verfügen über keinen originären Nutzen, sondern rein über derivaten Nutzen. Wenn die Interaktion mit mindestens einem weiteren Teilnehmer möglich ist, verfügt das Gut über einen Nutzen. Das Telefon als solches lässt sich somit als Systemgut bezeichnen. Es ist für den Anwender jedoch nur dann von Nutzen, wenn mindestens ein zweites Telefon existiert, das angerufen werden kann. Die Mindestzahl an Anwendern die nötig ist, damit ein Gut einen ausreichenden Nutzen in diesem Anwenderkreis hat, bezeichnet man als kritische Masse (vgl. Weiber 1995).

Abbildung 3: Zweigipfliger Verlauf von Diffusionskurven

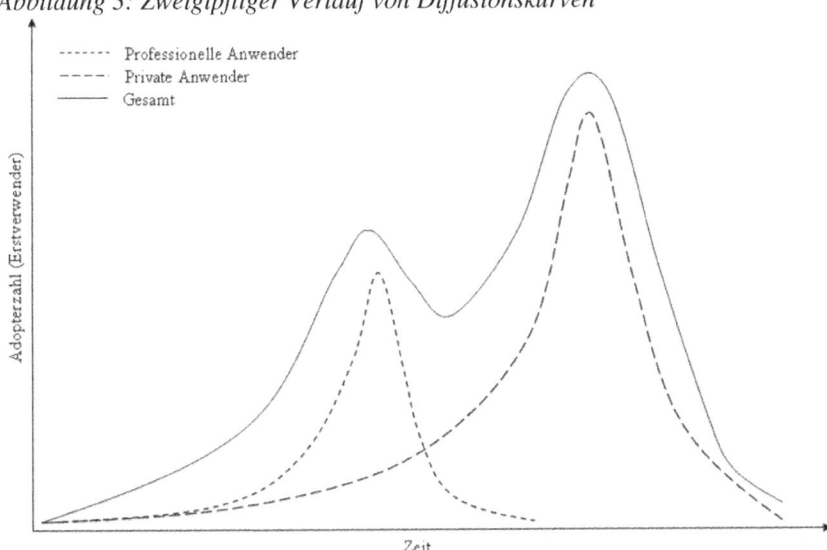

Quelle: Weiber 1995, S. 60

Darüber hinaus beschreibt Weiber (1995) einen speziellen Verlauf der S-Kurve für Innovationen, die zunächst im beruflichen Kontext genutzt werden und von dort aus ihren Weg in die private Nutzung finden. Die S-Kurve nimmt dann einen zweigipfligen Verlauf (vgl. Abbildung 3). Eine derartige Entwicklung trifft oftmals auch auf neue Kommunikationstechniken zu (vgl. ebd.).

Die Einteilung von Adoptern auf der Makroebene der sozialen Systeme kann nach Rogers (2003) in fünf Übernehmerkategorien erfolgen (vgl. Abbildung 4):

1. Innovatoren: überdurchschnittlich informiert,
                           risikofreudig, finanzielle Ressourcen
2. Frühe Übernehmer: überdurchschnittlicher sozioökonomischer
                           Status, viele Meinungsführer, sehr gut in
                           lokale soziale Systeme integriert
3. Frühe Mehrheit: in Interaktion mit der sozialen Umgebung,
                           selten Führungspositionen
4. Späte Mehrheit: wenig informiert, geringe finanzielle
                           Ressourcen
5. Nachzügler: oftmals sozial isoliert, traditionsgebunden

Abbildung 4: Übernehmerkategorien im Diffusionsprozess

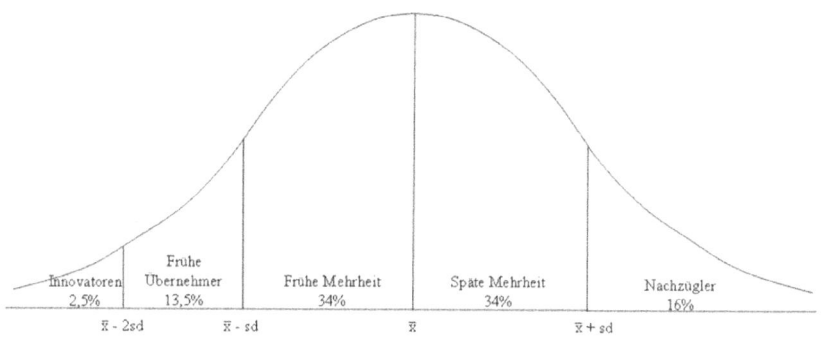

Quelle: Rogers 2003, S. 281

2.1.1.1.2   Mikroebene

Neben den oben angeführten Betrachtungen auf Makroebene erlaubt die klassische Diffusionstheorie auch eine Betrachtung der Adoption auf dem Niveau der individuellen Adoptionsentscheidung. Dabei können folgende Faktoren identifiziert werden, die die Adoptionsentscheidung beeinflussen (vgl. Rogers 1962, 1983, 2003):

1. Relativer Vorteil: Birgt die Innovation Vorteile für den Nutzer
                           gegenüber bisherigen Ideen und Techniken?

2. Kompatibilität:	Ist die Innovation mit bisherigen Werten, Erfahrungen und Bedürfnissen der Adopter kompatibel?
3. Komplexität:	Ist die Innovation einfach zu bedienen und zu verstehen?
4. Prüfbarkeit:	Lässt sich die Innovationen vorab im Kleinen prüfen?
5. Beobachtbarkeit:	Lassen sich die Ergebnisse der Innovation vorab beobachten?

Abbildung 5: Innovation-Decision-Process

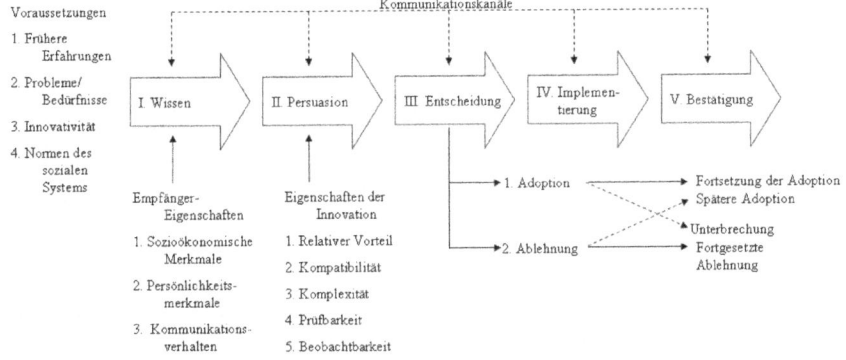

Quelle: Rogers 2003, S. 170

Gleichzeitig lässt sich auf dieser Ebene der Prozess der Adoption einer Innovation modellieren – in Form des 'Innovation-Decision-Process' (vgl. Abbildung 5), der sich aus den folgenden fünf Stufen zusammensetzt (vgl. Rogers 2003):

1. Wissen:	Wissen um die Existenz der Innovation
2. Persuasion:	Bildung einer Einstellung zur Innovation
3. Entscheidung:	Annahme bzw. Rückweisung der Innovation
4. Implementierung:	Nutzung der Innovation, Integration in das Leben des Nutzers
5. Bestätigung:	Suche nach Bestätigung für die Adoptionsentscheidung

Ein großer Teil der Studien in dieser Tradition (vgl. u.a. Coleman, Katz & Menzel 1966, Mayer, Gudykunst, Perrill & Merrill 1990) bedient sich, sowohl auf Mikro- als auch auf der Makroebene, einer klassischen Methodologie, die seit den ersten Diffusionsstudien nahezu unverändert blieb:

> „1) quantitative data, 2) concerning a single innovation, 3) collected from adopters, 4) at a single point in time, 5) after widespread diffusion had taken place" (Meyer 2004).

Theoretisch lässt sich das Adoptionsparadigma durch zwei weitere Forschungstraditionen ergänzen:

- Modelle aus der sozialpsychologischen Handlungstheorie (Theory of Planned Behaviour, Technology Acceptance Modell) sowie
- soziale Netzwerkanalysen.

2.1.1.2   Modelle der sozialpsychologischen Handlungstheorie

Modelle der sozialpsychologischen Handlungstheorie erklären Adoption aus der Perspektive potentieller Nutzer.

2.1.1.2.1   Theory of Planned Behavior

Die aus der Theory of Reasoned Action (Fishbein & Ajzen 1975) hervorgegangene *Theory of Planned Behavior* (TPB) (Ajzen 1985) berücksichtigt den Einfluss sozialer Normen auf (Adoptions-) Entscheidungen, indem sie Verhalten nicht nur auf die eigene Einstellung gegenüber dem fraglichen Verhalten, sondern auch auf eine subjektive Norm dieses Verhalten betreffend und die wahrgenommene Verhaltenskontrolle zurückführt (vgl. Abbildung 6).

1. Die Einstellung gegenüber dem Verhalten setzt sich aus zwei interagierenden Komponenten zusammen – der Erwartungen des Individuums, welche Konsequenzen das fragliche Verhalten mit sich bringt sowie den positiven bzw. negativen Bewertungen der Konsequenzen des jeweiligen Verhaltens (vgl. Ajzen 2005).
2. Die subjektive Norm bezeichnet die Einschätzungen des Individuums bezüglich des sozialen Drucks, das Verhalten auszuführen oder nicht auszuführen. Auch die soziale Norm setzt sich aus zwei interagierenden Komponenten zusammen. Zum einen aus den Einschätzungen des Individuums darüber, welches Verhalten andere, aus Sicht des Individuums relevante Personen von ihr erwarten. Zum anderen aus den jeweils mit diesen Einschät-

zungen verbundenen Bewertungen der entsprechenden Wünsche anderer (vgl. ebd.).

3. Die wahrgenommene Verhaltenskontrolle bezeichnet das Ausmaß in dem sich das Individuum in der Lage fühlt das Verhalten auszuführen. Auch dieser Aspekt besteht aus zwei Komponenten: Zum einen stellt sich die Frage, inwieweit das Individuum selbst entscheiden kann, ob ein entsprechendes Verhalten ausgeführt wird. Zum anderen geht es hier darum, inwieweit sich das Individuum dazu in der Lage fühlt, dieses Verhalten auszuüben. Damit sind die Kontrollüberzeugungen bezüglich der situationalen aber auch der internalen Faktoren angesprochen (vgl. ebd.).

Abbildung 6: Theory of Planned Behavior

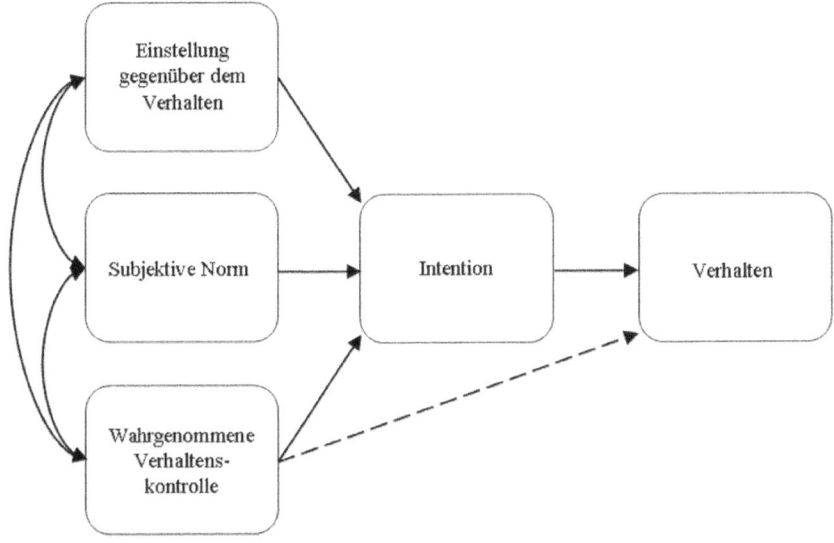

Quelle: Ajzen 2005, S. 118

Die TPB stellt eine vielfach erprobte und in den verschiedensten Bereichen angewendete Theorie dar2. Im Bereich der neuen Kommunikationsdienste wurde sie u.a. auf die Adoption von Mobilfunk und Online-Kommunikation (Schenk, Dahm & Šonje 1996), WAP (Hung, Ku & Chan 2003) sowie weitere mobile Dienste (Pedersen, Nysveen & Thorbjørnsen 2002) angewendet. Die genannten Studien untersuchten bisher jedoch nur die binäre Adoptionsentscheidung als abhängige Variable und nicht den weiteren Implementierungsprozess.

---

2 Einen Überblick über vorhandene Forschungen zur und mittels TPB gibt Ajzen (2007).

Dies erscheint jedoch von der Anlage der TPB her durchaus möglich und sinnvoll, da sich auch der soziale Aneignungsprozess als eine Kette von Handlungen begreifen lässt, auf die jeweils soziale Normen, Einstellungen und wahrgenommene Verhaltenskontrolle Einfluss nehmen.

2.1.1.2.2 Technology Acceptance Modell

Das ebenso wie das TPB auf die Theory of Reasoned Action aufbauende *Technology Acceptance Modell* (TAM) (Davis 1986) und seine Weiterentwicklungen (Hubona & Burton-Jones 2003, Pedersen & Nysveen 2003, Vishwanath & Goldhaber 2003) erklären Verhalten ebenfalls aus der eigenen Einstellung gegenüber diesem Verhalten (vgl. Abbildung 7).

Abbildung 7: Technology Acceptance Model

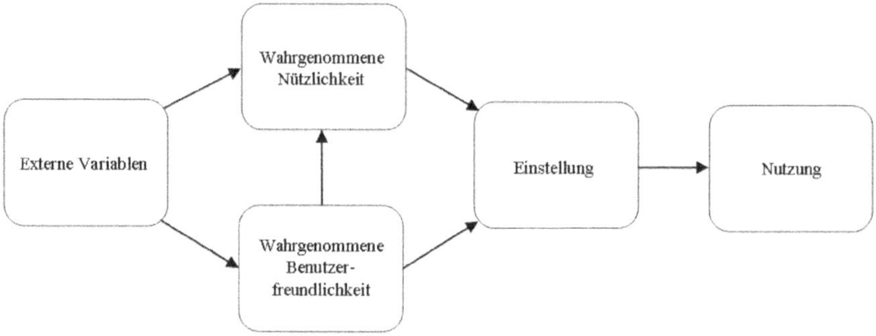

Quelle: Hubona & Burton-Jones 2003, S. 2

Im Gegensatz zum TPB stehen hier jedoch die beiden Eigenschaften wahrgenommene Benutzerfreundlichkeit und wahrgenommene Nützlichkeit der fraglichen Technologie im Mittelpunkt. Jedoch bleibt auch dieses Modell auf der Stufe der Adoption stehen und berücksichtigt die weitere Implementierung der Innovation in den Alltag der Nutzer nicht (vgl. Hubona & Burton-Jones 2003, Pedersen & Nysveen 2003, Vishwanath & Goldhaber 2003).

2.1.1.3 Soziale Netzwerkanalyse

Während TPB und TAM aus der Perspektive einzelner Nutzer heraus argumentieren, betrachtet die soziale Netzwerkanalyse die Diffusion von Innovationen aus einem mesosozialen Blickwinkel heraus (Valente 2005) und stellt dabei die

Frage, wie die Struktur eines sozialen Systems Diffusionsverläufe beeinflusst. Dieser Ansatz greift Gedanken aus den ersten Diffusionsstudien auf (vgl. u.a. Ryan & Gross 1943), in denen die Bedeutung von Meinungsführern untersucht wurde, geht aber theoretisch und methodisch deutlich darüber hinaus, indem sie etwa über ein ganzes Netzwerk hinweg beobachtet, wie sich adoptionsentscheidende Normen verbreiten (Kincaid 2004).

2.1.1.4 Re-Invention

Indem die oben erläuterten Ansätze stets die Dichotomie zwischen Adoption und Ablehnung einer Innovation als zu erklärendes Verhalten betrachten, berücksichtigen sie nicht, dass sich eine Innovation auch im Laufe der Diffusion verändern kann. Einerseits entwickeln sich die technologischen Grundlagen mit jeder Gerätegeneration weiter und werden durch neue Funktionalitäten ergänzt, andererseits ergeben sich auch aus der Implementierung einer Innovation in den Alltag der Nutzer neue Nutzungsweisen, die den Charakter einer Innovation vollkommen verändern können. Ein klassisches Beispiel für dieses Phänomen ist die SMS, deren soziale Nutzung von den technischen Entwicklern weder beabsichtigt noch aus deren Perspektive absehbar war[3].

Rogers nimmt dieses Phänomen in der dritten Ausgabe seines Standardwerkes unter der Bezeichnung Re-Invention auf (vgl. Rogers 1983, S. 175-184). Re-Invention erweitert die einfache Dichotomie zwischen Adoption und Ablehnung einer Innovation um die Möglichkeit einer Änderung der Innovation im Zuge ihrer Implementierung durch den Verbraucher (vgl. u.a. Charters & Pellegrin 1972, Downs 1976). Folglich wird der Diffusionsprozess nicht mehr nur als linearer Verlauf verstanden, sondern als „a dynamic, constantly evolving process with adopters molding and shaping the innovation as it diffuses" (Hays 1996a, S. 631).

Gegenstand der Re-Invention-Forschung ist dabei jedoch nicht die innere soziale Dynamik dieses Prozesses, sondern die Frage, welche Faktoren einen hohen *Grad* an Modifikation einer Innovation begünstigen. In empirischen Studien wurden Re-Invention fördernde Faktoren ausgemacht (vgl. Glick & Hays 1991, Hays 1996a, 1996b, Lewis & Seibold 1993, Majchrzak, Rice, Malhorta, King, & Ba 2000, Orlikowski 1993, Rice & Rogers 1980, Rogers 2003), zu de-

---

3 So berichtet Cor Stutterheim, Vorsitzender der Firma CMG, die maßgeblich an der Erfindung der SMS beteiligt war: „When we created SMS (Short Messaging Service) it was not really meant to communicate from consumer to consumer and certainly not meant to become the main channel which the younger generation would use to communicate with each other" (Wray 2002).

nen Rogers (2003, S. 186-187) seitens der Innovationen hohe Komplexität und eine große Bandbreite an technischen Funktionen zählt sowie seitens der Übernehmer das Bedürfnis sich mit Hilfe der Innovation selbst darzustellen. Re-Invention ist Rogers (ebd.) zufolge in späteren Phasen des Diffusionsprozesses wahrscheinlicher, da Nachzügler aus den Erfahrungen früherer Übernehmer lernen könnten. Diesen Annahmen folgend erscheinen mobile Kommunikationsdienste für Re-Invention prädestiniert: Sie stellen ein Bündel verschiedener technischer Funktionen und damit verbundener Dienstleistungen dar, aus denen sich eine im Voraus nicht zu überschauende Vielfalt an Anwendungen ergibt. Auch haben sie eine hohe Bedeutung für das Selbstverständnis der Nutzer und bieten sich geradezu für ein symbolisches zu Eigen machen durch individuelle Nutzungsweisen an (vgl. Ling 2004, Oksman & Turtiainen 2004).

Aufgrund der primären Fokussierung auf die Makroebene der sozialen Diffusion bleibt die binäre Adoptionsentscheidung jedoch weiterhin Kernpunkt der Diffusions-Theorie von Rogers (2003).

2.1.2   Aneignungsparadigma

Das Aneignungsparadigma blickt über die Adoptionsentscheidung hinaus, indem es den folgenden Fragen nachgeht: Wie integrieren Nutzer eine Innovation in ihren Alltag? Welchen Sinn geben sie ihr. Wie nutzen sie sie konkret? Und: Welche Motive begründen diese Nutzung?

Die Grundidee die aktive, gestaltende Rolle des Nutzers stärker zu berücksichtigen, findet sich in mehreren theoretischen Traditionen wieder, etwa der Techniksoziologie (Bijker & Pinch 1984, Flichy 1995, Rammert 1993), der Rahmenanalyse (Goffman 1977), dem Domestication-Ansatz (Silverstone & Haddon 1996) oder auf Seiten der Kommunikationswissenschaft im Uses-and-Gratifications-Approach (Katz, Blumler & Gurevitch 1974).

2.1.2.1   Aneignungsbegriff der Cultural Studies und der Domestication-
Ansatz

Das Konzept der Aneignung hat sich bisher insbesondere in der Erforschung der Fernsehrezeption bewährt (vgl. Hepp 1998, Holly & Püschel 1993, Mikos 1994b). Hepp (1999, S. 274) definiert Aneignung als

> „das `zu Eigen machen´ von Medieninhalten im lokalen Lebenskontext der Nutzerinnen und Nutzer durch verschiedene kulturelle Praktiken, die – wie beispielsweise Gespräche – über die eigentliche Rezeptionssituation weit hinausgehen können".

Programmatische Vorreiter sind dabei die Cultural Studies mit den Ansätzen von Hall (1980) und de Certeau (1980).

Hall (1980) spricht von Aneignung, um nicht nur die Theorien der starken, sondern auch die der schwachen Medienwirkungen zu relativieren: Dabei sieht er den Aneignungsprozess sowohl möglichen Wirkungen im Sinne des Stimulus-Response-Ansatzes, als auch möglichen Nutzungsweisen im Sinne des Uses-and-Gratifications-Ansatzes vorgeschaltet.

„Before this message can have an 'effect' (however defined), satisfy a 'need' or be put to a 'use', it must first be appropriated as a meaningful discourse and be meaningfully decoded." (ebd., S. 130).

In empirischen Arbeiten, die an Halls Theorie anknüpfen, wurde insbesondere die Bedeutung der kommunikativen Aneignung von Inhalten durch Gespräche unter den Rezipienten hervorgehoben (vgl. Brown 1994, Hepp 1998, Holly 1993). Hepp nennt das Gespräch über TV-Inhalte gar den „Katalysator der Fernsehaneignung" (Hepp 1998, S. 209).

De Certeau (1980) prägt seinen Aneignungsbegriff, indem er Foucaults Theorie einer das Individuum dominierenden allgegenwärtigen „Mikrophysik der Macht" (Foucault 1975) relativiert. Demzufolge schafft sich der Konsument gegenüber der Macht im ökonomischen System durchaus seine Freiheiten im Kleinen. Durch seine Alltagspraktiken eignet er sich Produkte an, indem er sie anders nutzt als von den Produzenten vorgesehen. In Analogie dazu eignet der sich Leser Texte an, indem er sich gegen eine "orthodoxe ‚Buchstäblichkeit'" (de Certeau 1980, S.303) verwehrt und dem Kommunikat im Akt des Lesens eine eigene Bedeutung zuweist. Damit setzt der einzelne Nutzer der industriellen Produktion eine andere Produktion von Konsumgütern sowie von Bedeutung entgegen.

Ein konkretes Konzept der Cultural Studies zur Integration neuer Medienangebote in den Haushalt ist der *Domestication*-Ansatz von Silverstone und Haddon (1996). Silverstone und Haddon (ebd., vgl. auch Barkadjieva & Smith 2001, Frissen 2000, Habib & Cornford 2002, Lehtonen 2003, Ling, Nilsen & Granhaug 1999, Oksman & Turtiainen 2004) beziehen sich dabei auf die Übernahme neuer Informations- und Kommunikationstechnologien in den Haushalt und erweitern damit den Aneignungsbegriff der Cultural Studies in drei Punkten:

1. Silverstone und Haddon (1996) dehnen den Aneignungsbegriff der Cultural Studies vom bis dahin dominierenden Feld der Rezeptionsforschung auf die Frage nach der Implementierung und Gestaltung von Innovationen aus. Für sie sind das Design eines neuen Gerätes und dessen Implementierung in das

Alltagsleben im Rahmen des Konsums „zwei Seiten der Innovationsme-
daille" (ebd., S. 46) und damit gleichermaßen innovative Prozesse.

2. Sie (ebd.) entwickeln einen dynamischen Begriff von Aneignung. Dafür be-
    trachten sie Konsum als einen Prozess, der sich über drei Dimensionen
    vollzieht. In der ersten Dimension, der *Commodification*, macht sich der
    potentielle Nutzer unter dem Einfluss von anderen Nutzern, Werbung und
    Massenmedien ein Bild von der Innovation. Die zweite Dimension des
    Konsums ist Aneignung (*Appropriation*). Sie vollzieht sich in einem räum-
    lichen und einem zeitlichen Sinn: *Objectification* ist die räumliche Aneig-
    nung - etwa durch die Positionierung des Fernsehers im Wohnzimmer; *In-
    corporation* stellt dagegen in einem zeitlichen Sinn die Einbindung der In-
    novation in die bestehenden Gewohnheiten dar. Die dritte Dimension des
    Konsums, *Conversion*, bedeutet schließlich die Selbstdarstellung mit dem
    neuen Objekt nach außen, also z.B. das Vorführen eines neuen Gerätes vor
    den Nachbarn (vgl. ebd.).

3. Silverstone und Haddon (ebd.) weiten den Blick auf die Motive von Anbie-
    tern und Nutzern von Medienangeboten schließlich über die Frage nach ei-
    ner herrschenden Ideologie und des Widerstands dagegen hinaus aus.

Insgesamt betont der Aneignungsbegriff der Cultural Studies den konstruktiven
Anteil der Konsumenten am Endprodukt bzw. an der Bedeutung eines Textes,
ohne den Anteil der Produzenten zu vernachlässigen. So lenkt dieser Aneignungsbegriff die Aufmerksamkeit auf den Prozess des kommunikativen Aushandelns von Nutzungs- und Bedeutungsmustern sowohl zwischen Konsumenten und Herstellern, als auch zwischen den Konsumenten (Silverstone & Haddon 1996, Ling et al. 1999, Frissen 2000, Habib & Cornford 2000).

Obwohl beispielsweise die von Silverstone und Haddon (1996) beschriebenen Dimensionen des Konsums und die Phasen von Rogers (2003) Innovation-
Decision-Prozesses (vgl. 2.1.1.1.2) durchaus Ähnlichkeiten aufweisen, kann das
Aneignungskonzept der Cultural Studies als Gegenentwurf zur Diffusionsforschung verstanden werden. Aus empirisch-analytischer Sicht ist jedoch im Gegensatz zur Diffusionsforschung das Fehlen klarer Aussagen zur Modellierung
der zu untersuchenden Prozesse zu konstatieren.

2.1.2.2   Rahmenanalyse

Was die Adoption neuer Kommunikationsdienste in einem größeren sozialen
Kontext betrifft, so ist Goffman ein vielzitierter Autor (vgl. u.a. Döring 2003,
Gebhardt 2001, Höflich 1998, Ling 1997, 2004, Schönberger 1998, Taylor &

Harper 2002, 2003). Höflich (1998, 2003) überträgt die Rahmenanalyse aus dem von Goffman verwendeten Zusammenhang der face-to-face-Kommunikation in die technisch vermittelte Kommunikation, indem er den Begriff des *Medienrahmens* einführt. Dabei geht Höflich (1998) von Goffmans Begriff des Rahmens als Definition einer Situation im Sinne einer Antwort auf die Frage „Was geht hier eigentlich vor?" aus. Demzufolge haben Menschen

> „eine Auffassung von dem, was vor sich geht; auf diese stimmen sie ihre Handlungen ab, und gewöhnlich finden sie sich durch den Gang der Dinge bestätigt [...] Diese Organisationsprämissen – die im Bewusstsein der Handelnden vorhanden sind – nenne ich den Rahmen des Handelns." (Goffman 1977, S. 274).

Ein Rahmen, so Höflich (ebd.), dient also nicht nur der Organisation von Kognitionen, sondern bildet gleichzeitig auch normative Erwartungen an das Verhalten der Beteiligten, etwa Konventionen und Regeln. Dies gilt nicht nur für face-to-face-Kommunikation. Man hat es

> „immer dann, wenn ein Kommunikationsmedium verwendet und damit eine (gemeinsame) Mediensituation hergestellt wird, mit einem jeweiligen Medienrahmen zu tun" (ebd., S. 88).

Höflich verweist zudem auf entsprechende Studien zum Fernsehrahmen (Mikos 1996, S. 100), zum Computerrahmen (Höflich 1998, 2003) und zum Telefonrahmen (Höflich 2000).

Gemäß der Theorie der kulturellen Phasenverschiebung (Ogburn 1969), hinkt die Entwicklung der Rahmen für neue Medien der technischen Entwicklung generell hinterher, so dass zunächst ein relativ regelungsfreier Zustand eintritt. Bezüglich des Mobiltelefons und des SMS-Dienstes konstatiert Höflich (2001) folgendes:

> „[Wir sind] ein gutes Stück davon entfernt, von einem ‚standardisierten Gebrauch' oder einem ‚klaren Rahmen der Medienverwendung' sprechen zu können." (ebd., S. 15)

Von dieser Feststellung geht ebenfalls eine Vielzahl von Mobiltelefon- und SMS-Nutzungsstudien aus, die den Prozess der Entstehung und Festigung des Handyrahmens in unterschiedlichen Nutzergruppen beleuchten (vgl. Höflich 2001, Ling 1997, 2001, 2004, Taylor & Harper 2002).

Eine Stärke der Rahmenanalyse ist ihre Anwendbarkeit auf alltägliche Nutzungsmuster von Kommunikationsdiensten jedweder Art (vgl. Androutsopoulos & Schmidt 2002, Oksman & Turtiainen 2004, Taylor & Harper 2002). Gerade in diesen vielfältigen Einsatzmöglichkeiten liegt aber auch die Gefahr, die Rahmenanalyse als theoretisches Passepartout zu verwenden. Entsprechend wirft Ling (1997) Goffman mangelnde Klarheit und Stringenz vor und stellt mit Giddens zu Goffmans Beliebtheit fest:

„[It] derives more from a combination of an acute intelligence and a playful style than from a coordinated approach to social analysis" (Giddens 1984, S. 68)

Weiter weist Ling (1997, S. 4) auf den Ursprung von Goffmans Theorie auf der Mikroebene der face-to-face-Kommunikation hin, die dazu verleite makrosoziale Prozesse, bei der Herausbildung von Nutzungsnormen zu vernachlässigen.

2.1.2.3   Uses-and-Gratifications-Approach

„This is the approach that asks the question, *not* „What do the people do to media" but, rather, „What do people do with the media?"" (Katz & Foulkes 1962, S. 378)

So beschreiben Katz & Foulkes 1962 eine Forschungstradition, die auf Studien aus den 1940er Jahren zu den Motiven der Mediennutzung zurückgeht (vgl. u.a. Herzog 1944). Doch erst in den 1970er Jahren werden diese Forschungen systematisiert und zu einem Ansatz zusammengefasst: dem Uses-and-Gratifications-Approach (UGA). Katz, Blumler & Gurevitch (1974) beschreiben dessen Gegenstand wie folgt:

„(1) the social and psychological origins of (2) needs, which generate (3) expectations of (4) the mass media or other sources which lead to (5) differential patterns of media exposure (or engagement in other activities), resulting in (6) need gratifications and (7) other consequences, perhaps mostly unintended ones." (Katz, Blumler & Gurevitch 1974, S. 20)

In dieser Tradition konnte eine Vielzahl klassischer Motive der Fernsehnutzung identifiziert werden (vgl. u.a. Greenberg 1974, Palmgreen, Wenner & Rayburn 1980).

Abbildung 8: Expectancy-Value-Approach

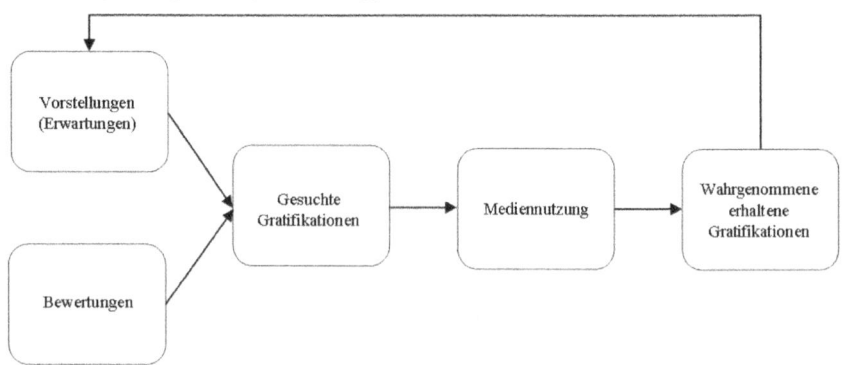

Quelle: Palmgreen 1984, S. 56

Eine wichtige Weiterentwicklung des klassischen UGA-Ansatzes stellt der Expectancy-Value-Ansatz von Palmgreen & Rayburn (1979, 1985) dar. Dieser unterscheidet zwischen gesuchten und erhaltenen Gratifikationen. Dabei schlagen sich die jeweils erhaltenen Gratifikationen wiederum in den gesuchten Gratifikationen zukünftiger Mediennutzungssituationen nieder und beeinflussen somit das zukünftige Verhalten des Rezipienten (vgl. Abbildung 8).

Scherer und Berens (1998) kombinieren den UGA mit der Diffusionsforschung, in dem sie den Expectancy-Value-Ansatz von Palmgreen & Rayburn (1985) auf Seiten des UGA mit dem Innovation-Decision-Prozess auf Seiten der Diffusionsforschung verbinden (vgl. 2.1.1.1.2). So betrachten sie die selektive Zuwendung zu Medieninhalten als Adoption (Scherer & Berens 1998, S. 59). *Wissen* bildet demzufolge die Voraussetzung für bestimmte Erwartungen hinsichtlich der Innovation. *Überzeugung* und *Entscheidung* für eine Adoption erklären sich dabei wiederum durch den Erwartungswertansatz. Die *Bestätigung* der Adoption schließlich wirkt in Form von Erfahrung auf zukünftige Entscheidungsprozesse (vgl. ebd., S. 62). Scherer und Berens beschränken sich in ihren Ausführungen auf den vierstufigen Innovation-Decision-Prozess aus Rogers' frühen Schriften (vgl. Rogers & Shoemaker 1971) und übergehen die Phase der Implementierung, die Rogers bereits seit 1983 als Bestandteil des Prozesses betrachtet (Rogers 1983).

Wenn aber bei mobilen Kommunikationsdiensten über die reine Zuwendung als Selektionsverhalten hinaus die Implementierung durch aktive Nutzer relevant ist, so stellt sich die Frage, welche Erkenntnisse der UGA hierzu beitragen kann. Der Gedanke der Re-Invention (vgl. Kapitel 2.1.1.4) als aktive Einwirkung der Nutzer auf die Entwicklung neuer Kommunikationsdienste entspricht jedenfalls ganz dem Postulat eines aktiven Nutzers (vgl. Trepte, Ranné & Becker 2003). So geht es in UGA-Studien zu neuen Kommunikationsdiensten (vgl. Dimick, Kline & Stafford 2000, Höflich & Rössler 2001, Leung & Wei 2000, Peters & ben Allouch 2005, Trepte et al. 2003, Wei 2008) inzwischen über das klassische „Was machen die Nutzer mit den Medien?" hinaus um die Frage: „Was machen die Nutzer *aus* den Medien?".

Damit leistet der UGA nicht nur eine differenziertere Einschätzung der Adoptionsentscheidung aus der Nutzerperspektive, sondern verspricht auch Prognosen zur Veränderung von Medien durch die Nutzer. Deren Aussagekraft steht allerdings unter dem Vorbehalt der bekannten Kritikpunkte am Ansatz:

1. Es besteht die Gefahr, dass man durch die starke Betonung des aktiven Nutzers die Wirkung unbewusster Wahrnehmungen und damit den Einfluss von Werbung und lenkender Produktgestaltung durch die Anbieter unterschätzt (vgl. Samarajiva 1996).

2. Der Ansatz betrachtet das Individuum als isolierte Größe und berücksichtigt die sozialen Strukturen, die etwa in Form von Normen bestimmte Verhaltensweisen begünstigend oder hemmend wirken können, nicht (vgl. Höflich 1999, Ling 1997).

3. Der Ansatz lässt in seiner eher statischen empirischen Umsetzung meist offen, wie sich Nutzungsmuster und Motive im Verlauf der Implementierung ändern und ihrerseits von psychologischen und sozialen Prozessen geprägt werden (vgl. Trepte et al. 2003).

Im Vergleich zum Adoptionsparadigma, das relativ starr in der Dichotomie von Adoption vs. Nicht-Adoption verharrt, zeichnet sich das Aneignungsparadigma durch seine größere Offenheit für das weite Spektrum an möglichen Nutzungsformen und -motiven im Alltag aus. Diese Offenheit wird ermöglicht durch eine – abgesehen vom UGA[4] – sehr flexible, qualitative Methodologie, etwa in Form von Leitfadeninterviews oder ethnographischen Methoden. Diese qualitativen Methoden ziehen allerdings den Vorwurf nach sich, schwer generalisierbar und empirisch überprüfbar zu sein.

2.2   Mobile-Phone-Appropriation-Modell

2.2.1   Anforderungen an ein integratives Modell der Handyaneignung

Einen Versuch, diese beiden inhaltlich wie methodologisch unterschiedlichen Forschungsparadigmen zu einem theoretischen Modell zusammenzufassen, unternehmen Wirth et al. (2007a) mit ihrem Mobile-Phone-Appropriation-Modell (MPA-Modell). Dazu stellen sie zunächst die beiden Forschungsparadigmen der Aneignung und Adoption (vgl. Kapitel 2.1) einander gegenüber und identifizieren Kernpunkte, die ein integratives Modell der Handyaneignung beachten muss (vgl. Karnowski, von Pape & Wirth 2006):

1. Der Prozess der Diffusion und Aneignung ist nicht zwingend ein linearer. Darauf weisen sowohl Re-Invention-Forschung, als auch verschiedene Ansätze, die in der theoretischen Tradition des Aneignungsparadigmas stehen, hin. Aneignung ist somit *ein aktiver und kreativer Prozess, der in individuelle Nutzungs- und Bedeutungsmuster mündet.*

---

4   Im Uses-and-Gratifications-Approach werden zwar in der Regel geschlossene, standardisierte Befragungen durchgeführt. Qualitative Methoden können aber auch zum Einsatz kommen, um in Vorstudien grundlegende Gratifikationsdimensionen zu ermitteln (vgl. McQuail, Blumler & Brown 1972).

2. Diffusion und Aneignung sind nicht unabhängig von sozialen Faktoren wie Kultur oder Normen. Handlungstheoretische Ansätze können helfen, Aneignung in ihrem *sozialen Kontext* zu begreifen.

3. Ein integratives Aneignungsmodell sollte auch den *Einfluss von Kommunikation* auf den Aneignungsprozess beschreiben. Dieser Einfluss konnte bereits in vielen Studien nachgewiesen werden (vgl. u.a. Habib & Cornford 2002, Höflich 2003, Lehtonen 2003, Oksman & Turtiainen 2004, Silverstone & Haddon 1996, von Pape, Karnowski & Wirth 2006).

4. Insbesondere Studien, die in der theoretischen Tradition des Aneignungsparadigmas stehen (Habib & Cornford 2002, Lehtonen 2003) sowie UGA-Studien (Oksman & Turtiainen 2004) betonen den *symbolischen Wert* neuer Kommunikationsdienste. Mobiltelefone und der Umgang damit sind Werkzeuge der Selbstdarstellung und Selbstergänzung und können die soziale Position in der Gruppe unterstützen.

5. Der Einfluss sozialer Netzwerke auf die Adoption neuer Kommunikationsdienste wurde bereits in diversen Studien belegt (Rogers 2004, Schenk et al. 1996, Valente 2005). Die *Rolle sozialer Netzwerke* im Prozess der Aneignung bleibt jedoch noch unklar.

Karnowski et al. (2006) kommen somit zu dem Schluss, dass ein integratives Modell der Aneignung neuer Kommunikationsdienste sowohl individuelle als auch soziale Faktoren sowie die symbolische Ebene der Aneignung umfassen muss. Gleichzeitig soll ein weites Spektrum an Nutzen und Bedeutungen erfasst werden und die empirische Überprüfbarkeit des Modells gewahrt bleiben.

2.2.2 *Entwicklung des MPA-Modells durch Triangulation qualitativer und quantitativer Daten*

Die Entwicklung des MPA-Modells wurde von einem Prozess der Triangulation (vgl. Bryman 1992, Flick 2004, Hammersley 1996) qualitativer und quantitativer Studien begleitet.

2.2.2.1 Qualitative Basisstudie

Die erste qualitative Studie wurde 2000 durchgeführt (vgl. Wirth, von Pape & Karnowski 2007b). Anhand dieser sollte ein Einblick in den Prozess der Handyaneignung bei Jugendlichen gewonnen und so ein erstes Überblicksmodell zur Aneignung entworfen werden. Es wurden 16 Leitfadeninterviews mit Jugendlichen (fünf männlich, elf weiblich) im Alter von 15 bis 25 Jahren durchgeführt. Die Teilnehmer wurden nach dem Prinzip des Theoretical Sampling (vgl. Glaser & Strauss 1967) ausgewählt. Der Interviewleitfaden umfasste Fragen zu den Handy-Nutzungspräferenzen der Teenager, ihrem Nutzungsverhalten (insbesondere im Umgang mit ihren Freunden), dem Handy-Nutzungsverhalten ihrer Freunde, ihren Empfindungen bei der Handynutzung sowie der sozialen Struktur ihrer peer group und soziodemographischen Angaben. Im Sinne einer größtmöglichen Offenheit für Aspekte, die den Forschern im Vorhinein nicht bewusst waren, wurden die Interviews möglichst offen geführt (vgl. Merton & Kendall 1979). Die Interviews dauerten zwischen 60 und 90 Minuten, wurden aufgezeichnet und für die Analyse transkribiert.

Anschließend wurden die Interviews im Sinne der Grounded Theory (vgl. Glaser & Straus 1967) ausgewertet. Dabei wurden sie, um die gefundenen Phänomene zu beschreiben und systematisieren zu können, zunächst von verschiedenen Codierern in mehreren Zyklen analysiert, ehe es in einem zweiten Schritt die Beziehungen und Interaktionen zwischen den Kategorien zu untersuchen galt. Wirth et al. (2007b) konnten so die folgenden drei Hauptkategorien bezüglich der Aneignung neuer Kommunikationsdienste durch Jugendliche extrahieren:

1. Alltagsmanagement, das sich in Nutzung und Handling der Dienste zeigt
2. Kommunikationsmanagement, im Sinne einer Metakommunikation über die Kommunikation mittels Mobiltelefon
3. Selbstbild in Bezug auf die Nutzung neuer Kommunikationsdienste

Aufbauend auf diesen Hauptkategorien unterscheiden die Autoren eine praktische und eine symbolische Dimension der Aneignung: Die Aneignung wird praktisch durch die tägliche Nutzung des Dienstes und das Handling des Gerätes umgesetzt. Gleichzeitig findet auch eine symbolische Aneignung statt, indem das Gerät benutzt wird, um die eigene Identität im sozialen Kontext darzustellen. Dieser zweiseitige Prozess wird durch Metakommunikation unter den Nutzern ausgehandelt (vgl. Abbildung 9).

Während des Aneignungsprozesses entwickeln und verändern sich Wirth et al. (2007b) zufolge Nutzung und Handling genauso wie Prestige und soziale Identität fortwährend. Nach und nach setzen sich bestimmte Nutzungsmuster und symbolische Bedeutungen dieser Nutzungsweisen durch. Indem sie den laufenden Aneignungsprozess antreibt, dient Metakommunikation in dessen Kontext als Katalysator (vgl. auch Hepp 1998). Gleichzeitig vermindert sich der Umfang der Metakommunikation im Zeitverlauf zunehmend, bis der Aneignungsprozess schließlich zum Erliegen kommt und sich sowohl Nutzung und Handling als auch die damit zusammenhängende soziale Identität und das Prestige gefestigt haben (vgl. Wirth, von Pape & Karnowski 2005).

Abbildung 9: Das zirkuläre Aneignungsmodell

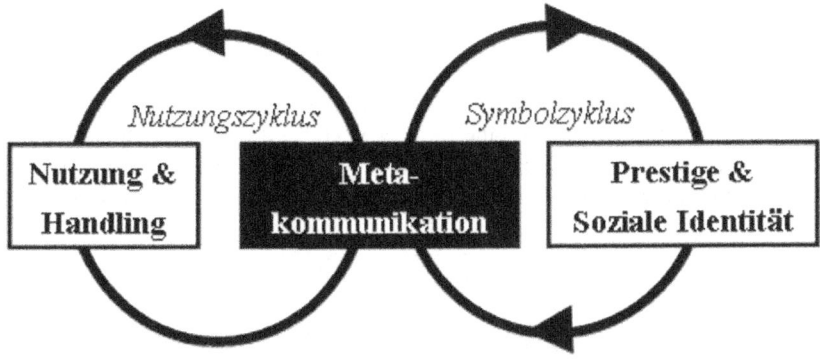

Quelle: Wirth et al. 2007b, S. 88 (deutsche Übersetzung)

2.2.2.2 Quantitative Explorationen

In einem zweiten Schritt haben Wirth et al. (ebd.) mittels quantitativer Befragungen erste Formen der Aneignung gemessen. Der Fokus lag dabei darauf, unterschiedliche Aneignungsmuster bei verschiedenen Nutzergruppen in verschiedenen Phasen des Aneignungsprozesses zu finden.

Zu diesem Zweck führten Wirth et al. (ebd.) 2003 und 2004 eine Reihe quantitativer (Online-)Befragungen durch (vgl. auch Foebus 2003, Kelz 2004, Mattle 2003): Circa 1.500 jugendliche Handynutzer wurden über Links auf Webportalen[5] rekrutiert und online zu ihrer Handynutzung befragt, weitere 100 Erwachsene wurden telefonisch interviewt[6].

Wirth et al. (2007b) führten Clusteranalysen durch, um die Nutzer anhand der Bedeutung, die sie dem kommunikativen, symbolischen und praktischen

---

5 www.handy.de ist eine Site, die sich dem Mobiltelefon im Allgemeinen widmet. 294 Handynutzer im Alter von 12 bis 24 Jahren wurden hier befragt. www.giga.de ist die Onlineplattform eines TV-Programms, welches auf Computerkultur fokussiert ist und sich an ein junges Publikum richtet. 360 Nutzer im Alter von 12 bis 24 Jahren wurden hier befragt. www.mradgood.de ist ein SMS-basierter Anzeigenservice, welcher Werbeanzeige an die Teilnehmer versendet, welche ihre Einwilligung gegeben hatten, Werbe-SMS zu erhalten. 905 Abonnenten dieses Services im Alter von 14 bis 19 Jahren wurden befragt.

6 Die 100 Erwachsenen wurden per Schneeballverfahren rekrutiert.

Wert des Mobiltelefons beimessen, zu unterscheiden. Die Autoren konnten dabei drei Clustersysteme identifizieren, die aus drei (kommunikative und symbolische Dimension) bzw. vier Clustern (praktische Dimension) bestehen. Neben den namensgebenden Spezifika unterscheiden sich diese Cluster auch hinsichtlich des Durchschnittsalters, der Länge der Nutzungsbiographie und der Nutzung der verschiedenen Handy-Funktionalitäten (SMS – Telefonie – Spiele; vgl. auch Foebus 2003).

Somit gelang es Wirth et al. (2007b), anhand der Konstrukte ihres zirkulären Ausgangsmodells allgemeine Nutzertypen und -stile zu identifizieren. Gleichzeitig dienten diese Studien Wirth et al. (ebd.) dazu, ein Instrument zur Messung von Aneignungsprozessen, d.h. eine MPA-Skala, zu entwickeln.

2.2.2.3   Qualitative Explorationen

Im Sinne einer Triangulation qualitativer und quantitativer Methoden und zur größtmöglichen Absicherung der Befunde hinsichtlich der Lebenswelten der Handynutzer, führten Karnowski & von Pape (2005) in einem nächsten Schritt mittels Leitfadeninterviews drei weitere qualitative Studien zur Aneignung von Mobilkommunikation in verschiedenen Zielgruppen durch. Um eine größtmögliche Vergleichbarkeit der Untersuchungsgruppen zu gewährleisten, waren die Interviewleitfäden für alle drei Studien in weiten Teilen identisch. Entsprechend dem vorgestellten zirkulären Aneignungsmodell (vgl. Abbildung 9) wurden dabei übereinstimmend folgende Bereiche behandelt:

-   Nutzungshistorie
    -   Anschaffung des ersten Handys
    -   Anschaffung momentanes Handy
    -   „Erlernen" von SMS und MMS
-   Nutzung & Handling
    -   Klassische Nutzungssituationen
    -   Wichtigste Funktionen
    -   Verhältnis SMS vs. Telefonie
-   Metakommunikation
    -   Gespräche über Handyfunktionen, Kosten, Vertragsarten
    -   Beobachtung des Umgangs anderer mit dem Handy
    -   Medienberichterstattung zum Thema
-   Prestige & Selbstbild
    -   Handy als Accessoire

- Individuelle Klingeltöne, Logos, etc.

Die erste qualitative Studie (vgl. auch Melzl 2005) beschäftigte sich mit der Aneignung des Mobiltelefons durch ein *Netzwerk Jugendlicher*, bestehend aus vier weiblichen und acht männlichen Teilnehmern im Alter von 13 bis 18 Jahren. Sieben Teilnehmer besuchten zum Zeitpunkt der Untersuchung die Hauptschule bzw. hatten bereits einen Hauptschulabschluss und befanden sich bereits in der Berufsausbildung, Drei Teilnehmer besuchten die Realschule und zwei das Gymnasium. Neben der Sammlung von Ideen für die Formulierung der Items des quantitativen Instruments zur Erfassung von Aneignungsprozessen waren die wichtigsten Erkenntnisse dieser Studie zum einen der sich deutlich zeigende Stellenwert der Mobilkommunikation (Telefonie und SMS) für die Struktur der Gruppe, und zum anderen die Tatsache, dass die Nutzungsnormen der Jugendlichen situative Faktoren mit einbeziehen. So wird z.B. von Mitgliedern der Clique, von denen bekannt ist, dass ihr Handyguthaben bereits verbraucht ist, keine Antwort auf SMS etc. erwartet (vgl. Karnowski & von Pape 2005).

Die zweite Studie untersuchte die Handy-Aneignung durch *Senioren*, eine im Zusammenhang mit der Mobilkommunikation bisher nur wenig beachtete Gruppe (vgl. Karnowski, von Pape & Wirth 2008). Die 14 Teilnehmer waren zum Zeitpunkt der Untersuchung zwischen 58 und 82 Jahre alt. Die Befragten waren zu gleichen Teilen männlich bzw. weiblich. Neben weiteren Hinweisen für die Formulierung der Items des quantitativen Instruments zur Messung von Aneignungsprozessen lieferte diese Studie die zentrale Erkenntnis, dass das Handy für die Senioren zumeist ein Familienmedium darstellt. Geräte werden bzw. wurden zumeist auf Wunsch und/oder mit Hilfe der Kinder und Enkelkinder angeschafft und auch der Umgang damit wird ebenso von diesen erlernt. Zudem dient das Handy den Senioren dazu, sich selbst vor allem gegenüber der jüngeren Generation als offen für Neues zu präsentieren. Im Kreis der gleichaltrigen Freunde und Bekannten hingegen ist der symbolische Wert des Mobiltelefons ein ganz anderer. Hier wird das Mobiltelefon viel eher verheimlicht.

Die dritte Studie beschäftigte sich mit der Handyaneignung von *Meinungsführern* (vgl. Karnowski & von Pape 2005). Karnowski & von Pape (ebd.) unterschieden hierbei monomorphe Meinungsführer, d.h. solche zum Thema Mobilkommunikation, und polymorphe Meinungsführer, die anhand der Persönlichkeitsstärke-Skala von Noelle-Neumann (1983) operationalisiert werden. Insgesamt wurden im Rahmen dieses Designs 18 Leitfadeninterviews geführt (acht Männer, zehn Frauen). Erneut konnten wertvolle Hinweise im Hinblick auf die Formulierung der Items der MPA-Skala erlangt werden. Zudem wurde offenbar, dass sich die Aneignungszyklen von durchschnittlichen Handynutzern und monomorphen Meinungsführern in diesem Bereich deutlich unterscheiden. Während ein durchschnittlicher Nutzer den üblichen Vertragslaufzeiten entsprechend sein Handy ca. zwei Jahre nutzt und sich dementsprechend auch nur alle zwei Jahre – eben kurz vor der Anschaffung eines neuen Gerätes – über den Handymarkt informiert, gestalten sich die Zyklen bei den monomorphen Meinungsführern deutlich variabler. Diese Nutzer halten sich praktisch durchgehend über den aktuellen Markt auf dem Laufenden und der Erwerb eines neuen Gerätes richtet sich hier eindeutig stärker an den Innovationen im Handysektor aus, die zügig adoptiert werden, und orientiert im Vergleich zur erstgenannten Gruppe, deutlich weniger an den Vertragslaufzeiten. Ein Einfluss der Persönlichkeitsstärke auf die Handyaneignung ließ sich jedoch nicht beobachten.

2.2.3   Theoretischer Aufbau des MPA-Modells auf Basis der Theory of Planned Behavior

Abbildung 10: Das MPA-Modell

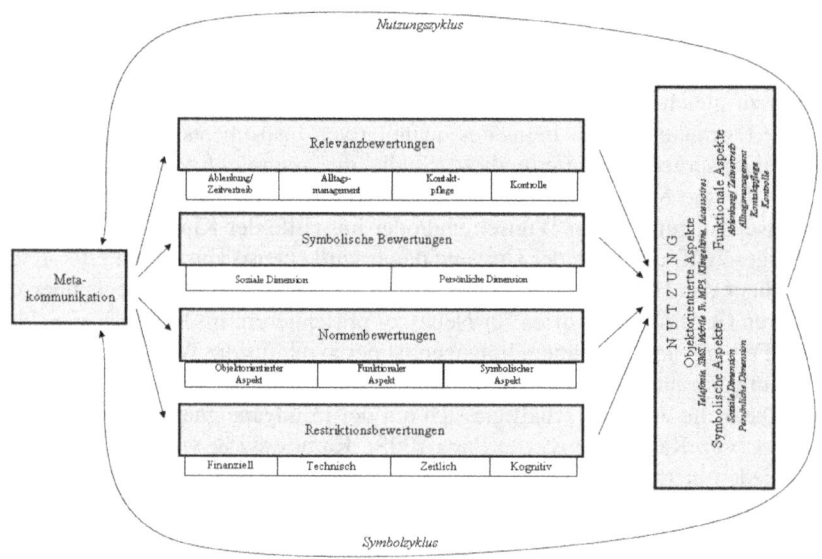

Quelle: Wirth, von Pape & Karnowski 2008

Wirth et al. (2007a, 2008) bauen ihr MPA-Modell theoretisch auf, in dem sie die Theory of Planned Behavior (vgl. Kapitel 2.1.1.2.1) in vier Schritten erweitern:

1. Ausdifferenzierung der Variable Verhalten
2. Ausdifferenzierung der das Verhalten beeinflussende Variablen
3. Einbeziehung einer zirkulären Dynamik
4. Integration des Konzepts der Metakommunikation als Katalysator der Aneignung

2.2.3.1 Ausdifferenzierung der Variable Verhalten

Adoptionsstudien betrachten die abhängige Variable Verhalten zumeist als binär: Adoption vs. Ablehnung bzw. Nutzung vs. Nicht-Nutzung. Einige Studien brechen diese binäre Logik zugunsten einer mehrstufigen Verhaltenshäufigkeit auf, wobei der Verhaltensbegriff aber immer eindimensional bleibt (vgl. Ajzen 2005). Um jedoch den Anforderungen eines ausdifferenzierten Aneignungskonzepts (wie in Kapitel 2.1.2 beschrieben) zu genügen, muss das Konstrukt Verhalten, das den Endpunkt der Aneignung im MPA-Modell darstellt, als ein breiteres Phänomen verstanden werden. Wirth et al. (2007a, 2008) differenzieren Verhalten demzufolge gemäß der verschiedenen Möglichkeiten der Nutzung eines neuen Kommunikationsdiensts aus.

2.2.3.1.1 Objektorientierter Aspekt der Mobiltelefon-Nutzung

Zunächst identifizieren Wirth et al. (2007a, 2008) einen *objektorientierten Aspekt* der Mobiltelefonnutzung. Der rasante technologische Fortschritt der vergangenen Jahre hat das technische Gerät Mobiltelefon zu einer nicht zu unterschätzenden Einflussgröße auf den Aneignungsprozess werden lassen. Mobiltelefone sind heute Technologiecluster[7], die verschiedenste Dienste und Funktionalitäten beinhalten. Mit jeder neuen Gerätegeneration werden neue Dienste und Funktionalitäten in die Basisinnovation Mobiltelefon integriert – von der einfachen Telefonie über SMS und downloadbare Klingeltöne, bis hin zu mobilen Onlineanwendungen und mobilem Fernsehen. Der objektorientierte Aspekt der Nutzung behandelt somit zum einen die Frage, welche dieser Funktionalitäten in welchem Maße genutzt werden und setzt sich zum anderen mit dem Umstand auseinander, dass das Mobiltelefon oftmals als modisches Accessoire dient, also der Frage, inwieweit des Objekt Mobiltelefon geschmückt wird (z.B. durch Chin-chins[8], Display-Logos, etc.).

---

7 Zum Begriff des Technologieclusters vgl. Rogers 2003, S. 249 ff.
8 Chin-chins sind kleine Schmuckschwänzchen, die am Mobiltelefon selbst, an der Oberschale oder an der Handyhülle befestigt werden.

2.2.3.1.2   Symbolischer vs. funktionaler Nutzungsaspekt

In einem zweiten Schritt schlagen Wirth et al. (ebd.) vor, neben einem objektorientierten auch einen *funktionalen* und einen *symbolischen Nutzungsaspekt* zu unterscheiden. Während erstgenannter ausschließlich die instrumentelle Nutzung des Mobiltelefons zum Gegenstand hat („Zu welchem Zweck nutze ich mein Mobiltelefon?"), beschäftigt sich der symbolische Aspekt mit den Auswirkungen die verschiedene Nutzungsweisen auf das Selbst des Nutzers haben können („Was macht die Nutzung des Mobiltelefons aus mir?").

Im Rückgriff auf die UGA-Forschung, in deren Rahmen ein weites Spektrum an weitestgehend übereinstimmenden Kategorien mit teilweise abweichenden Bezeichnungen entstanden ist (vgl. z.B. Leung & Wei 2000, Peters & ben Allouch 2005, Trepte et al. 2003), unterscheiden Wirth et al. (2007a, 2008) die folgenden Kategorien innerhalb des *funktionalen Nutzungsaspekts*:

-   Ablenkung/Zeitvertreib
-   Alltagsmanagement
-   Kontaktpflege
-   Kontrolle

Wirth et al. (vgl. ebd.) verweisen dabei jedoch darauf, dass die Ableitung dieser Kategorien rein empirisch begründet ist. Der Frage nach den Unterkategorien, so Wirth et al. (ebd.), müsse bei jeder neuen Innovation aufs Neue nachgegangen werden. Dies könne durch explorative empirische Studien oder eine Aufarbeitung bereits existierender Forschungsergebnisse geschehen. Auch eine Kombination beider Vorgehensweisen sei möglich.

Unter dem *symbolischen Nutzungsaspekt* subsumieren Wirth et al. (ebd.) aus UGA-Studien zu neuen Kommunikationsdiensten bekannte Kategorien, die als Status (Trepte et al. 2003) oder Fashion/Status bezeichnet werden (Leung & Wei 2000, Peters & ben Allouch 2005). Da die Bedeutung dieser Aspekte für den Aneignungsprozess ebenfalls in einer größeren Anzahl von quantitativen und qualitativen Nicht-UGA-Studien hervorgehoben wird (Fortunati, Katz & Riccini 2003, Katz & Sugiyama 2006, Ling 2003, Oksman & Rautiainen 2003, von Pape et al. 2006), schlagen Wirth et al. (2007a, 2008) vor, den symbolischen Nutzungsaspekt auszudifferenzieren.

Mead (1934) unterscheidet zwischen dem persönlichen Selbst (bzw. persönlicher Identität) und dem sozialen Selbst (bzw. sozialer Identität). Das persönliche Selbst, so Mead (ebd.) offenbart sich dem Menschen aus seiner unmittelbaren biographischen Selbsterfahrung heraus als „der rote Faden, der sich durch den Strom der Ereignisse hindurchzieht" (Oerter & Montada 1995, S.

347). Das soziale Selbst dagegen empfindet man in Abhängigkeit von seinen Mitmenschen als das Bild, das man für sie abzugeben meint bzw. die Stellung, die man in ihrem Kreis einzunehmen glaubt. Demzufolge differenzieren Wirth et al. (2007a, 2008) den symbolischen Nutzungsaspekt („Was macht die Nutzung des Mobiltelefons aus mir?") in eine persönliche und eine soziale Dimension.

2.2.3.2 Ausdifferenzierung der das Verhalten beeinflussenden Variablen

Sowohl die TPB als auch das Erwartungs-Bewertungsmodell aus der UGA-Tradition[9] (vgl. Palmgreen & Rayburn 1982, Rayburn & Palmgreen 1984) besagen, dass (Nutzungs-)Verhalten das Ergebnis von dieses Verhalten betreffende Erwartungen und Bewertungen sowie von Normen und Restriktionen ist. Solange das Verhalten als eindimensionale (binäre) abhängige Variable begriffen wird, können diese Faktoren das Verhalten entweder unterstützen oder behindern. Das MPA-Modell geht jedoch, basierend auf der Tradition des Aneignungsparadigmas (vgl. Kapitel 2.1.2), von einem deutlich komplexeren Verhaltensbegriff aus (vgl. Wirth et al. 2007a, 2008). Analog zu dieser Ausdifferenzierung unterscheiden Wirth et al. (ebd.) auch die das Verhalten beeinflussenden Variablen weiter.

2.2.3.2.1 Funktionsbewertungen

Erwartungen und Bewertungen betreffen in erster Linie die funktionale Nutzung einer Innovation. Es wird die Wahrscheinlichkeit verschiedener Folgen eines bestimmten Verhaltens abgeschätzt (Erwartungen) und bewertet wie wünschenswert diese Handlungsfolgen sind (Bewertungen). In Anlehnung an die bereits ausgeführten Unterscheidungen differenzieren Wirth et al. (2007a, 2008) Erwartungen und Bewertungen hinsichtlich folgender Kategorien:

- Ablenkung/Zeitvertreib
- Alltagsmanagement
- Kontaktpflege
- Kontrolle
- Symbolischer Nutzungsaspekt: soziale Dimension
- Symbolischer Nutzungsaspekt: persönliche Dimension

---

9 Palmgreen und Rayburn beziehen sich in ihrem Ansatz bereits auf frühere Arbeiten von Fishbein und Ajzen (Fishbein 1963, Fishbein & Ajzen 1975).

Im Unterschied zur TPB betrachten Wirth et al. (ebd.) das Produkt aus Erwartungen und Bewertungen direkt und unterscheiden die beiden Konstrukte nicht. Dies wird erreicht, indem die Bewertungen einzelner funktionaler Nutzungsweisen des Mobiltelefons bei den Nutzern erfragt werden. Es zeigt sich, dass die Nutzer ihre Bewertungen nicht auf spezielle Services oder Funktionen des Mobiltelefons beziehen. Da bestimmte in die Basisinnovation Mobiltelefon integrierte Dienste und Services jedoch mit speziellen Funktionsweisen einhergehen, vermuten Wirth et al. (vgl. ebd.), dass bestimmte Muster an Funktionsbewertungen parallel zu bestimmten Mustern an Nutzungsweisen auftreten.

2.2.3.2.2 Restriktionen

Im Gegensatz zu Funktionsbewertungen beziehen sich Restriktionen in erster Linie auf die objektorientierten Aspekte der Mobiltelefonnutzung. In ihrer Ausdifferenzierung der Restriktionen berufen sich Wirth et al. (2007a, 2008) auf diverse Studien, die die folgenden vier Arten von Restriktionen aufgezeigt und untersucht haben (vgl. Pedersen 2001, Schenk et al. 1996):

- Finanzielle Restriktionen
- Technische Restriktionen
- Zeitliche Restriktionen
- Kognitive Restriktionen

So nutzen Teenager aufgrund ihrer beschränkten finanziellen Mittel oftmals lieber SMS, um zu kommunizieren, wohingegen Geschäftsleute, die über mehr finanziellen Spielraum aber über weniger Zeit verfügen, lieber direkt anrufen, was zwar teurer ist, aber schneller geht (vgl. u.a. Ling 2005). Genauso wie Funktionsbewertungen die Nutzungsmuster des Mobiltelefons beeinflussen, haben auch Restriktionen Auswirkungen auf die funktionale Nutzung des Mobiltelefons. Mobile Onlineservices beispielsweise sind in der Nutzung verhältnismäßig teuere eingebettete Innovationen, was viele von einer Nutzung abhält. Ohne diese finanziellen Einschränkungen würde möglicherweise eine größere Anzahl an Nutzern mobile Onlineservices nutzen und somit die Funktionsbewertungen und Nutzungsweisen des Mobiltelefons verändern.

2.2.3.2.3 Normen

Verschiedene qualitative Studien zeigen, dass der soziale Einfluss sehr subtile und auch sehr komplexe Formen annehmen kann. Soziale Normen passen sich nicht nur den verschiedenen Umgebungen im täglichen Leben an, vielmehr wandelt sich die Motivation diesen Normen zu entsprechen auch im Zuge von Änderungen die eigene soziale Identität bereffend. Gemeinhin wechseln Jugendliche zwischen zwei komplexen und sich oftmals widersprechenden Sets an Normen, die die Benutzung des Mobiltelefons regeln – je nachdem ob sie sich im Kreise ihrer Familie oder ihrer Freunde bewegen (Licoppe & Heurtin 2001, Ling 1997, 2004). Sobald in einer Situation beide Sets an Normen aufeinanderstoßen, kommt es zu Konflikten, beispielsweise wenn ein Jugendlicher während des Abendessens im Kreise der Familie auf dem Mobiltelefon einen Anruf eines Freundes bekommt (Ling 1997). Solche Konflikte lassen sich jedoch auch bei Senioren beobachten, die unterschiedliche normative Maßstäbe an ihre Mobiltelefonnutzung anlegen – je nachdem, ob sie in Kontakt mit Gleichaltrigen oder ihren Enkelkindern stehen (Karnowski et al. 2008).

Qualitative Studien beobachten das Aushandeln von Nutzungsnormen, dass im Aneignungsparadigma als social shaping (Lievrouw & Livingstone 2006) oder Rahmung (Goffman 1977, Ling 1997, Oksman & Turtiainen 2004) der Mobiltelefonnutzung bezeichnet wird. Insbesondere bei neuen Technologien läuft dieser Prozess sehr dynamisch ab, so dass es nur schwer möglich ist von verhaltensunterstützenden bzw. -behindernden Nutzungsnormen zu sprechen. Um also den normativen Einfluss auf die Nutzung des Mobiltelefons umfassend untersuchen zu können, sollte also nicht nur der Einfluss spezifischer, einzelner Normen untersuchen werden. Vielmehr muss zunächst die generelle Existenz von Normen und ihre Stabilität betrachten werden, ehe es, Wirth et al. (2007a, 2008) zufolge, in einem weiteren Schitt den konkreten Einfluss dieser Normen auf das tatsächliche Verhalten empirisch zu untersuchen gilt.

2.2.3.3 Verhaltensabsicht

Die Verhaltensabsicht stellt in der TPB eine zentrale Variable dar, die zwischen den Einflussfaktoren und der tatsächlichen Nutzung anzusiedeln ist. Wirth et al. (2007a, 2008) integrieren diese Variable jedoch trotz ihre vielfach hervorgehobenen Bedeutung aus theoretischen und pragmatischen Gründen nicht in ihr Modell:

Während die eindimensionale Nutzungsentscheidung in der TPB leicht mit der einzelnen Variable Nutzungsabsicht verbunden werden kann, lassen sich die stärker ausdifferenzierten abhängigen Variablen des Modells von Wirth et al. (2007a, 2008) nicht mit einer derartigen Variablen operationalisieren. Schließlich müsste eine Verhaltensabsicht für jedes spezifische Nutzungsmuster in das Modell integriert werden, was die Komplexität des Modells deutlich erhöhen würde. Gleichzeitig erachten Wirth et al. (2007a, 2008) die mit einem spezifischen Verhalten im Laufe der Aneignung verbundene Änderung des Involvementniveaus für deutlich geringer, als den Anstieg des Involvementniveaus den eine Adoptionsentscheidung erfordert. Der Grund hierfür liegt in der Tatsache, dass Aneignung eine lange Reihe an kleinen und oftmals nur wenig reflektierten Schritten darstellt.

2.2.3.4   Einbeziehung einer zirkulären Dynamik

Jonas & Doll (1996) kritisieren die statische Konzeption der unabhängigen Variablen Verhaltenserwartungen und -bewertungen sowie Normen und Restriktionen in der TPB. Übereinstimmend mit diesen Kritikpunkten zeigen viele Studien, dass Aneignung ein dynamischer Prozess ist, in dessen Verlauf sich Erwartungen, Bewertungen und Nutzungsweisen verändern. In Anbetracht dieser Tatsache stellen Wirth et al. (2007a, 2008) an ein Aneignungsmodell die Anforderung, dass es in der Lage sein muss diesen Prozess zu beschreiben und dabei zentrale Einflussfaktoren festzustellen. Gleichzeitig soll ein solches Aneignungsmodell auch in der Lage sein, Beginn und Ende des Aneignungsprozesses zu identifizieren. Die konkrete Ausgestaltung dieses Prozesses sehen Wirth et al. (2007a) als offene Frage an, die durch explorative empirische Studien geklärt werden muss. Jedoch, so fordern sie, muss ein Aneignungsmodell prinzipiell in der Lage sein diesen Prozess zu beschreiben, und legen ihr Aneignungsmodell dementsprechend zirkulär an. Der funktionale und symbolische Nutzungsaspekt sind dabei nicht nur das Ergebnis von Normen, Restriktionen und Funktionsbewertungen, sondern gleichzeitig auch Basis dieser Faktoren. Diese zirkuläre Struktur ist bereits aus dem GS/GO-Ansatz bekannt der, ebenso wie die TPB, auf dem Expectancy-Value-Konzept (Fishbein 1967) beruht.

2.2.3.5   Metakommunikation

Beinahe alle qualitativen Studien (s.u.), die sich mit Aneignung beschäftigen, beschreiben den oben genannten zirkulären Prozess, wobei dieser als Social Shaping (Bijker & Pinch 1984), Negotiation (Weilenmann 2001), Rahmung

(Höflich 2003) oder auch Conversion (Silverstone & Haddon 1996) bezeichnet wird. Allen Begriffen liegt dabei das Konstrukt der Metakommunikation zugrunde: Kommunikation über Kommunikationstechnologien. Wirth et al. (2007a, 2008) zufolge ist Metakommunikation das Forum, in dem Nutzer und Hersteller einer Innovation mögliche Formen der Aneignung diskutieren und versuchen, sich gegenseitig von ihren Standpunkten zu überzeugen. Gleichfalls werden mittels Metakommunikation Nutzungsnormen und die soziale Bedeutung der Nutzung ausgehandelt. Zwischen einzelnen Nutzern und Nutzergruppen finden diese Prozesse durch interpersonale Kommunikation und die Beobachtung und Bewertung des Handelns anderer statt. Nach Wirth et al. (2007a, 2008) beschränkt sich Metakommunikation jedoch nicht auf die Nutzer und ihr Umfeld allein, sondern ist auch für Persuasionsversuche der Produzenten – meist via Massenmedien – offen. Dies kann direkt durch Werbung geschehen, durch Product Placement sowie durch Verhaltensmodelle in massenmedialen Inhalten, die das Verhalten der Nutzer ihrerseits ebenfalls beeinflussen.

Metakommunikation ist somit das Element, das den Aneignungszyklus schließt und die Nutzungsmuster, die am Ende des Aneignungsprozesses stehen, wieder mit dessen Ausgangsbasis, nämlich den Erwartungen und Bewertungen, verbindet: Sie beeinflusst Erwartungen und Bewertungen, die die verschiedenen symbolischen und funktionalen Aspekte der Nutzung beeinflussen, wobei diese wiederum Gegenstand der Metakommunikation sind. Indem man Nutzer auf unterschiedlichen Aggregatsebenen betrachtet, ist es Wirth et al. (2007a, 2008) zufolge möglich, den Einfluss sozialer Netzwerke auf den Aneignungsprozess zu untersuchen[10]. Demzufolge passt ein einzelner Nutzer möglicherweise sein eigenes Nutzungsverhalten an diejenigen Nutzungsmuster und Normen an, welche er beim Großteil der Mobiltelefonnutzer in seiner Peer Group beobachtet.

2.2.3.5.1 Arten der Metakommunikation

Den unterschiedlichen Arten in welchen Metakommunikation auftreten kann entsprechend, unterscheiden Wirth et al. (2007a, 2008) massenmedial vermittelte Metakommunikation und interpersonale Metakommunikation. Diese Unterscheidung beinhaltet auch die Behauptung, dass sich unterschiedliche symbolische und pragmatische Aspekte der Mobiltelefonnutzung in massenmedialen Inhalten wiederfinden und dort zudem von den Nutzern als solche erkannt werden können. Gleichzeitig unterscheiden Wirth et al. (2007a, 2008) im Rahmen der

---

10 Eine detaillierte Untersuchung zum Einfluss sozialer Netzwerke auf den Aneignungsprozess findet sich bei von Pape (2008).

Metakommunikation zwischen der Beobachtung von und Gesprächen über die fraglichen Verhaltensweisen.

2.2.3.5.2   Psychologische Prozesse

Am Prozess der Metakommunikation können verschiedene psychologische Prozesse beteiligt sein. Einer der wichtigsten ist dabei Banduras sozialkognitive Lerntheorie (vgl. Kapitel 3). Bandura (1986, S. 104) beschreibt Lernen als kreativen Prozess: Der einzelne Nutzer imitiert das Modellverhalten nicht nur, sondern vermischt unterschiedliche Verhaltensmodelle zu individuell verschiedenen Verhaltensformen. Übertragen auf des MPA-Modell (Wirth et al. 2007a, 2008) bedeutet dies, dass der einzelne Nutzer in seinem direkten Umfeld und den Massenmedien uneinheitliche Modelle der Mobiltelefonnutzung beobachten und diese individuell zu unterschiedlichen Verhaltensmustern verarbeiten kann (vgl. Kapitel 4).

Es ist jedoch noch eine Vielzahl weiterer psychologischer Prozesse im Rahmen der Metakommunikation denkbar. Werbung z.B. ist in der Logik des MPA-Modells ein Teil der massenmedial vermittelten Metakommunikation. Dabei finden in der Metakommunikation auch persuasive Prozesse statt (vgl. Chaiken & Trope 1999). Diese persuasiven Prozesse können jedoch auch Bestandteil der interpersonalen Metakommunikation sein, beispielsweise wenn in einer Gruppe Jugendlicher einzelne Handynutzer andere von der Qualität bestimmter Handymodelle überzeugen wollen (vgl. Melzl 2005) oder Erwachsene ihre alternden Eltern die Sinnhaftigkeit des Besitzes eines Handys in Notsituationen vermitteln möchten (vgl. Karnowski et al. 2008).

Weitere mögliche psychologische Prozesse im Rahmen der Metakommunikation sind Management of Uncertainty (vgl. Bradac 2001, Brashers, Goldsmith, & Hsieh 2002, Brashers, Neidig, Haas, Dobbs, Cardillo & Russell 2000) oder das Konzept des Framing[11], wie es von Vishwanath (2007) in einem ersten Versuch auf den Prozess der Adoption neuer Technologien angewandt wurde.

---

11 Zum Konzept des Framings in der Kommunikationswissenschaft vgl. u.a. Entmann 1993, Matthes 2007, Scheufele 2003.

2.2.4   Empirische Evidenz

2.2.4.1   MPA-Skala

Auf Basis der Dimensionen des vorgestellten MPA-Modells (vgl. Kapitel 2.2.3) entwickelten von Pape, Karnowski & Wirth (2008) eine quantitative Skala (MPA-Skala) zur Operationalisierung des Konstrukts Aneignung. Dieses Instrument besteht aus 94 Items in sieben Subskalen, welche die einzelnen Konstrukte des Aneignungsmodells repräsentieren.

Von Pape et al. (2008) bildeten die Items sowohl auf Basis vorhandener standardisierter Instrumente aus dem Bereich der Theory of Planned Behavior (vgl. Kapitel 2.1.1.2.1) und des Uses-and-Gratifications-Approach (vgl. Kapitel 2.1.2.3), als auch auf Basis eigener explorativer (vgl. Kapitel 2.2.2.3) sowie anderer qualitativer Studien (vgl. u.a. Oksman & Turtiainen 2004, Taylor & Harper 2002).

2.2.4.1.1   Nutzungsvariablen

Unter dem *objektorientierten Aspekt* subsumieren von Pape et al. (2008) die Allgemeine Nutzungshäufigkeit, die Gestaltung des Mobiltelefons sowie das Handling des Gerätes.

Unter dem *funktionalen Nutzungsaspekt* werden von von Pape et al. (ebd.) die folgenden Teilaspekte zusammengefasst: Ablenkung/Zeitvertreib, Alltagsmanagement, Kontaktpflege und Kontrolle. Diese Items bauen vornehmlich auf Studien zu Uses-and-Gratifications der Mobilkommunikation auf (Höflich & Rössler 2001, Leung & Wei 2000, Trepte et al. 2003).

Den *symbolischen Nutzungsaspekt* gliedern von Pape et al. (2008) in folgende Teilaspekte: Eine persönliche Dimension, d.h. die Selbsteinschätzung im Hinblick auf das persönliche Selbst sowie eine soziale Dimension, d.h. die Selbsteinschätzung in Hinblick auf die Interaktion mit anderen. Die Dimensionen wurden vornehmlich aus eigenen empirischen Vorstudien (vgl. Kapitel 2.2.2.3) abgeleitet. Teile der Items wurden auch auf Basis von psychologischen Skalen – insbesondere der Self-Monitoring-Skala (von Collani & Stürmer 2004) – und Studien zum symbolischen Wert der Mobilkommunikation (Pedersen et al. 2002) gebildet.

2.2.4.1.2   Aneignung beeinflussende Faktoren

Als die Aneignung beeinflussende Faktoren beziehen von Pape et al. (2008)
Verhaltensbewertungen unterteilt in Relevanzbewertungen und Symbolische
Bewertungen, Normenbewertungen und Restriktionsbewertungen ein. Diese
Items sind hauptsächlich aus existierenden UGA-Studien (Höflich & Rössler
2001, Leung & Wei 2000, Trepte et al. 2003) oder Studien zur Adoption neuer
Technologien auf Basis des TPB (Pedersen & Nysveen 2003, Schenk et al.
1996) übernommen.

Die Relevanzbewertungen werden zusätzlich noch weiter in die bereits angesprochenen Dimensionen Ablenkung/Zeitvertreib, Alltagsmanagement, Kontaktpflege und Kontrolle unterteilt. Symbolische Bewertungen werden in eine
soziale und eine persönliche Dimension differenzeirt. Und die Restriktionsbewertungen werden, dem MPA-Modell entsprechend (vgl. Kapitel 2.2.3.2.2), von
von Pape et al. (2008) in die Kategorien finanziell, technisch, zeitlich und kognitiv gegliedert.

2.2.4.1.3   Metakommunikation

Das Konstrukt der Metakommunikation ist zwar oftmals zentraler Gegenstand
qualitativer Forschung zur Aneignung neuer Kommunikationsdienste, in quantitativen Studien wurde dieser Bereich bislang jedoch nur sehr wenig beachtet.
Von Pape et al. (2008) bildeten die Items in diesem Bereich daher auf Basis
ihrer eigenen Vorstudien (vgl. Kapitel 2.2.2) bzw. den existierenden qualitativen
Studien zu diesem Bereich (z.B. Oksman & Turtiainen 2004, Taylor & Harper
2002).

Wie bereits in Kapitel 2.2.3.5.1 erläutert, lässt sich Metakommunikation im
Sinne des MPA-Modells in drei Bereich aufgliedern: interpersonale Metakommunikation, massenmedial vermittelte Metakommunikation und unmittelbare
Beobachtung. In diesem Sinne unterscheidet auch die MPA-Skala diese drei Bereiche: interpersonale Metakommunikation, massenmedial vermittelte Metakommunikation und Beobachtung.

2.2.4.2   Erste Anwendungen der MPA-Skala

Zur Evaluation der MPA-Skala führten Wirth et al. (2007b) im Zeitraum April/
Mai 2006 eine weitere Onlinebefragung durch. Die Teilnehmer wurden durch
Hinweisbanner auf diversen Unterseiten des Webangebots mtv.de rekrutiert

(u.a. Handy, News). Insgesamt nahmen N=842 Personen an dieser Befragung teil. Das Geschlechterverhältnis unter den Befragten war nahezu ausgeglichen (58,9% männlich, 41,1% weiblich). Das Durchschnittsalter lag bei 20,7 Jahren, was auf einen recht hohen Anteil an Schülern und Studenten unter den Befragten (77,9%) zurückzuführen war. 18,7% waren Angestellte und 3,4% gingen einer anderen Beschäftigung nach.

Um die Daten dieser Analysestichprobe an vorhandenen Ergebnissen zur Handynutzung validieren zu können, verdichteten Wirth et al. (2007b) die Daten mithilfe einer hierarchischen Clusteranalyse über den funktionalen (Ablenkung/Zeitvertreib, Alltagsorganisation, Kontaktpflege, Kontrolle) und symbolischen (soziale und persönliche Dimension) Nutzungsaspekt zu fünf Nutzungsmustern:

Der aufdringliche Vielnutzer
Dieser erste Nutzertyp nutzt sein Mobiltelefon in allen beschrieben Nutzungsdimensionen sehr häufig. Er sieht sein Handy als schickes Accessoire an und misst dem Gerät dementsprechend auch eine hohe symbolische Bedeutung sowie hohes Prestige bei. Bei der Nutzung des Mobiltelefons ignoriert er die Menschen in seiner physischen Umgebung und handelt eher rücksichtslos.

Der Beziehungs-Manager
Für ihn sind Kontaktpflege und Kontrolle die wichtigsten funktionalen Nutzungsaspekte. Die Zustimmung dieser Nutzer zu den symbolischen Nutzungsaspekten liegt auf einem mittleren Niveau. Bei der Nutzung des Mobiltelefons verhält sich der Beziehungs-Manager eher diskret.

Der trendige Handy-Spieler
Ablenkung und Zeitvertreib sind für den trendigen Handy-Spieler am wichtigsten. Der soziale Aspekt spielt bei diesen Nutzern eine gewichtige Rolle. Sie sehen ihr Mobiltelefon, wie der aufdringliche Vielnutzer, als ein schickes Accessoire an und legen ebenfalls Wert auf den symbolischen Wert und das Prestige des Gerätes.

Der Alltags-Manager
Dieser Nutzer legt Wert auf die funktionalen Nutzungsdimensionen Kontrolle und Alltagsmanagement. Die symbolischen Nutzungsdimensionen haben für ihn keine große Bedeutung. Bei der Nutzung seines Mobiltelefons verhält sich die Alltags-Manager äußerst diskret.

Der diskrete Wenignutzer
Er misst allen funktionalen und symbolischen Nutzungsdimensionen eine geringe Bedeutung bei. Wenn er sein Mobiltelefon nutzt, ist er stets um ein äußerst diskretes Verhalten bemüht.

Diese Ergebnisse lassen sich auch in anderen Studien nachvollziehen: So stimmt der Befund, dass die jüngeren sozial orientierten Cluster stärker über das Mobiltelefon sprechen (vgl. Wirth et al. 2007b) mit dem Konzept der Hypercoordination nach Ling und Yttri (2002) sowie den Ergebnissen von Weilenmann (2001) überein, stellen auch Döring (2002) und Höflich (2003) die große Bedeutung des Handys als schickes Accessoire in den sozial orientierten jüngeren Clustern fest (vgl. Wirth et al. 2007b) und stützen diverse andere Studien die generelle Erkenntnis, dass sich Handys dazu eignen, die eigene Position in einer Gruppe zu untermauern (vgl. u.a. Habib & Cornford 2002, Lehtonen 2003).

3 Sozialkognitive Lerntheorie

Banduras (1977) sozialkognitive Lerntheorie steht heute beinahe als Synonym für die Gesamtheit der sozialen Lerntheorien (vgl. u.a. auch Akers 1985, Rotter 1954, 1982, Sutherland 1947). Ihnen allen ist die Idee des stellvertretenden Lernens anhand von Verhaltensmodellen gemein. An dieser Stelle soll detaillierter auf die sozialkognitive Lerntheorie von Albert Bandura (1977, 1986, 2001a) eingegangen werden. Denn, zum einen stellt seine Arbeit eine der renommiertesten auf diesem Feld dar (vgl. z.B. Edelmann 2000, Lefrançois 2006) und zum anderen hat Bandura selbst seine Gedanken auch explizit auf massenkommunikative Gegebenheiten angewandt (Bandura 2001a)[12].

3.1 Operante Konditionierung

Banduras frühe Arbeiten zum Beobachtungslernen (Bandura & Walters 1963) basieren auf der Theorie der operanten Konditionierung (Skinner 1938). Diese soll im Folgenden kurz vorgestellt werden.

In seiner Theorie der operanten Konditionierung unterscheidet Skinner (ebd.), aufbauend auf den Arbeiten von Pavlov (1927), zwischen klassischer und operanter Konditionierung. Während sich die klassische Konditionierung mit Reaktionen beschäftigt, die als Folge eines Stimulus ausgelöst werden und dabei unwillkürlich erscheinen (Respondenten), befasst sich die operante Konditionierung mit Reaktionen, die vom Organismus ausgelöst werden und somit als willkürlich erscheinen (Operanten). Lernen bedeutet im Rahmen der operanten Konditionierung die Selektionen derjenigen Operanten, die verstärkt werden, während bestrafte Operanten eliminiert werden. Skinner sieht hier eine Analogie zu Darwins (1867) Evolutionslehre:

---

12 Zwar weisen einzelne Autoren (vgl. Kunczik 1981) die Eignung dieser Theorie als Bezugsrahmen für massenmediale Wirkungen zurück, dies geschieht jedoch nur im Hinblick auf eine „umfassende soziologische Theorie massenmedialer Wirkungen" (ebd., S. 52). Die vorliegende Arbeit bewegt sich jedoch in ihrer theoretischen Konzeption vielmehr auf der Ebene des einzelnen Individuums, auf der die sozialkognitive Lerntheorie durchaus ihre Berechtigung hat (vgl. auch Kunczik 1981).

„Both in natural selection and in operant conditioning, consequences take over a role
previously assigned to an antecedent creative mind." (Skinner 1973, S. 264)

Bezüglich dieser Konsequenzen unterscheidet Skinner (1938) je zwei Typen der
Verstärkung und der Bestrafung:

Positive Verstärkung bedeutet, dass das Hinzufügen einer positiven Verhal-
tenskonsequenz die Wahrscheinlichkeit des Wiederauftretens der Operanten erhöht. Im Gegensatz dazu bedeutet *negative Verstärkung*, dass die Operante zur
Beseitigung eines negativen Zustands führen, was wiederum die Wahrscheinlichkeit des Wiederauftretens der Operanten erhöht. Diese negative Verstärkung
wird auch als Entlastung bezeichnet.

Positive Bestrafung, die auch als Entzugsbestrafung oder Bestrafung Typ II
bezeichnet wird, bedeutet, dass die Operante zur Beseitigung eines positiven
Zustands führt, was wiederum die Wahrscheinlichkeit des Wiederauftretens der
Reaktion reduziert. *Negative Bestrafung,* oder auch Präsentationsbestrafung
oder Bestrafung Typ I, hingegen besteht aus dem Auftreten einer negativen Ver-
haltenskonsequenz, die die Wahrscheinlichkeit des Wiederauftretens der
Operanten reduziert.

Bandura & Walters (1963) greifen die Gedanken der operanten Konditionierung auf und erweitern sie um einen entscheidenden Schritt: Da ihnen operante Konditionierung allein als ineffektive Methode des Lernens erscheint, weisen sie vielmehr der Beobachtung von Verhaltensmodellen entscheidende Bedeutung im Lernprozess zu. Menschen, so Bandura & Walters (ebd.) beobachten
das Verhalten anderer und imitieren es:

„Operant-conditioning procedures can be highly effective, particularly if stimuli that elicit
Reponses in some respects resembling the desired behaviour are already available in the
learner's repertory. It is doubtful, however, if many of the responses that almost all members
of our society exhibit would ever be acquired if social training proceeded solely by the method
of successive approximations. This is particularly true of behaviour for which there is no
reliable eliciting stimulus apart from the cues provided by others as they exhibit the behaviour
[…] In such cases, imitation is an indispensable aspect of learning. Even in cases, where some
some other stimulus is known to be capable of arousing an approximation to the desired
behaviour, the process of acquisition can be considerably shortened by the provision of social
models." (Bandura & Walters 1963, S. 3)

3.2   Grundannahmen der sozialkognitiven Lerntheorie

Zwar stellt die operante Konditionierung die Ausgangsbasis für Banduras sozialkognitive Lerntheorie dar (1977), jedoch wendet Bandura sich dabei klar
vom klassischen behavioristischen Menschenbild ab, das auch der operanten

Konditionierung zugrunde liegt. Diese Abkehr lässt sich anhand von drei Grundannahmen der sozialkognitiven Lerntheorie aufzeigen:

- Der Mensch als Agent seiner Handlungen
- Symbolische Verhaltenskontrolle
- Stellvertretendes Lernen

3.2.1 Selbststeuerung

Bandura (1977, 1986) betont die Möglichkeit des Individuums zur Selbststeuerung, d.h. der Einzelne ist aktiver Agent seiner Handlungen und nicht passiv externen Einflüssen ausgeliefert.

„They are agents of experiences rather than simply undergoers of experiences. The sensory, motor, and cerebral systems are tools people use to accomplish the tasks and goals that give meaning, direction, and satisfaction to their lives" (Bandura 2001b, S.4)

Abbildung 11: Triadisch-reziproker Wirkungszusammenhang

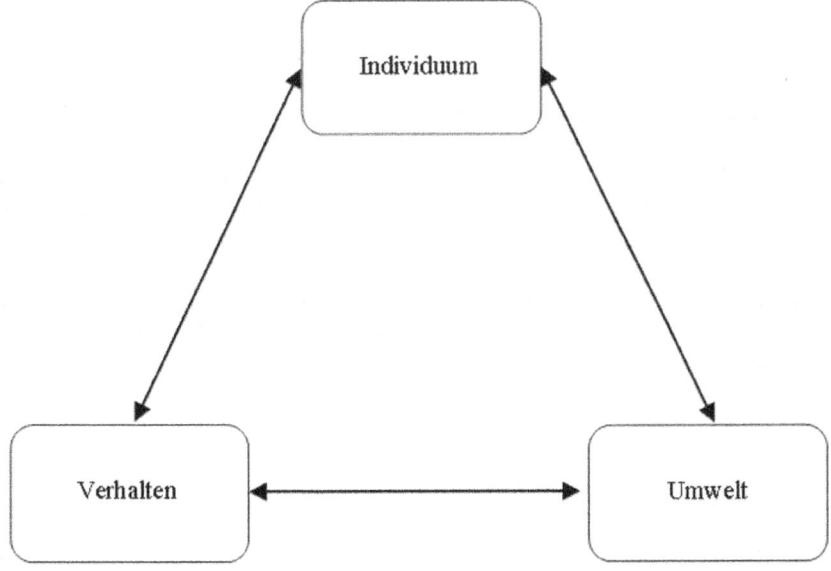

Quelle: Bandura 2001a, S. 266

Jedoch, so stellt Bandura fest (ebd.), ist der Mensch in seinen Handlungen nicht vollständig unabhängig von seiner Umwelt, womit er einen triadisch-reziproken Wirkungszusammenhang zwischen dem Individuum, seinem Verhalten und seiner Umwelt postuliert (vgl. Abbildung 11).

3.2.2 Symbolische Verhaltenskontrolle

Bandura (1977, 1986) systematisiert in seiner Arbeit den Gegenstand der Verhaltenskontrolle. Dabei unterscheidet er grundlegend drei Systeme, bezieht schließlich aber nur eines in seine Lerntheorie ein: Ihm geht es vornehmlich um die symbolische Verhaltenskontrolle, die auf kognitiven Prozessen von Individuen beruht.

Die Grundannahme des Menschen als Agent seiner Handlungen findet sich in eben diesem Kontrollsystem wieder: Mit ‚symbolischer Verhaltenskontrolle' beschreibt Bandura den generellen Einfluss von Denkprozessen auf das Verhalten und macht als Voraussetzung dafür die Fähigkeit des Menschen zur Antizipation bzw. zur symbolischen Repräsentation aus. Durch seine Fähigkeit kurzlebige Erfahrungen durch Symbole in kognitive Modelle zu überführen, so Bandura, kann das Individuum zukünftige Ereignisse und ihre Konsequenzen gedanklich vorwegnehmen und sein Verhalten, aufbauend auf eben jenen Antizipationen sowie der Bewertung der aktuellen Situation, steuern.

Die symbolische Verhaltenskontrolle hat Bandura (ebd.) zufolge eine höhere Relevanz bei der Steuerung menschlichen Verhaltens, als die beiden übrigen von ihm identifizierten, in der Tradition eines behavioristischen Menschenbildes stehenden Kontrollsysteme. Dabei handelt es sich zum einen um das ‚stimulus-kontrolliertes Verhalten', das die Reaktionen beschreibt, die Menschen auf spezifische Reize zeigen, wozu auch solche Reaktionen gehören, die mittels Verstärkung gelernt wurden. Zum anderen handelt es sich um das ‚ergebniskontrollierte Verhalten', das weniger durch vorausgegangene Ereignisse, als vielmehr durch Verhaltenskonsequenzen beeinflusst wird. Ergebniskontrolle wird diesem Ansatz folgend durch operante Konditionierung hergestellt.

3.2.3 Stellvertretendes Lernen

Wie bereits in Kapitel 3.1 beschrieben, können Menschen nicht nur anhand eigener Erfahrungen lernen. Vielmehr ist es ihnen auch möglich, ihr Wissen durch die Beobachtung von Verhaltensmodellen sowie beobachtete Bestärkungen bzw. Bestrafungen der Modelle zu erweitern. Das Lernen findet also stellvertretend statt, wobei beispielsweise die Beobachtung eines Modells, dessen Verhalten verstärkt wird, als stellvertretende Bekräftigung wirkt (vgl. Bandura 1977, 1986).

3.3 Prozesse des stellvertretenden Lernens

Auf Basis der drei vorgestellten Grundannahmen modelliert Bandura (1977) vier Subprozesse des stellvertretenden Lernens (vgl. Abbildung 12):

- Aufmerksamkeitsprozesse
- Behaltensprozesse
- Motorische Reproduktionsprozesse
- Motivationale Prozesse

Abbildung 12: Vier Subprozesse des stellvertretenden Lernens

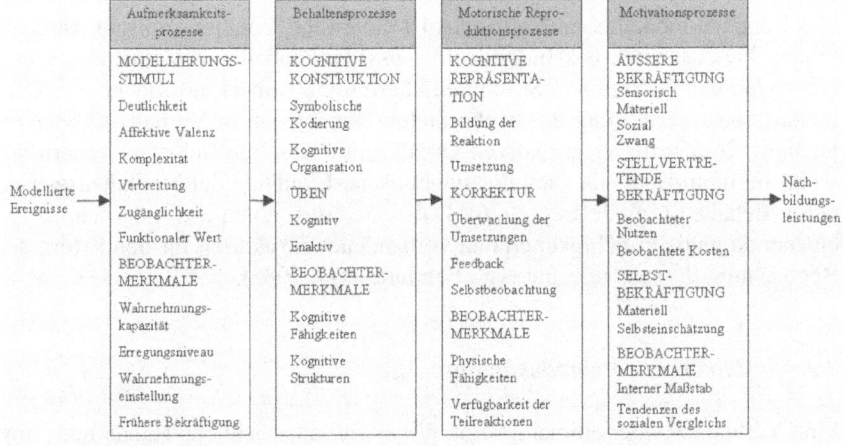

Quelle: Bandura 2001a, S. 273

Dabei lassen sich Aufmerksamkeits- und Behaltensprozesse als Verhaltenserwerb (Akquisition)[13] zusammenfassen, motorische Reproduktionsprozesse und

---

13 Dieser Prozess wird in der deutschen Sprache auch als Aneignungphase bezeichnet (vgl. u.a. Edelmann 2000). Da Aneignung in der vorliegenden Arbeit jedoch ganz dezidiert als Prozess des Zueigenmachens und der Alltagsintegration von Innovationen verstanden werden soll (vgl. Kapitel 2) und um Missverständnisse bzw. Verwechslungen dieser beiden Konzepte zu vermei-

motivationale Prozesse als Verhaltensausführung (Performanz) (vgl. u.a. Edelmann 2000).

3.3.1   Aufmerksamkeitsprozesse

Auf Ebene der Aufmerksamkeitsprozesse findet eine Selektion externer Stimuli bzw. Verhaltensmodelle statt. Auf Seiten des Verhaltensmodells wird die Aufmerksamkeit u.a. durch Deutlichkeit, affektive Valenz, Komplexität, Zugänglichkeit, Verbreitung und funktionalen Wert des Modells gesteuert. Auf Seiten des Beobachters beeinflussen u.a. Wahrnehmungskapazität, Erregungsniveau und Wahrnehmungseinstellung die Aufmerksamkeitsprozesse. Auch frühere Bekräftigungen werden bereits in der Phase der Aufmerksamkeitsprozesse wirksam (vgl. Bandura 1977, 1986).

3.3.2   Behaltensprozesse

Das Behalten modellierten Verhaltens ist die zweite Voraussetzung für Modelllernen. Das bedeutet, das Individuum muss das modellierte Verhalten anhand von Symbolen in kognitive Strukturen überführen, wobei eine wiederholte Darbietung die Überführung der beobachteten Handlungen in Verhaltensbilder erleichtert. Neben dieser kognitiven Organisation des Beobachteten fördern sowohl die motorische als auch die symbolische Einübung der Verhaltensweisen deren Behalten (vgl. Jeffrey 1976). Dabei sind auf Seiten des Individuums die eigenen kognitiven Fähigkeiten und vorhandenen Strukturen für den Erfolg des Beobachtungslernens relevant (vgl. Bandura 1977, 1986).

3.3.3   Motorische Reproduktionsprozesse

Sind Verhaltensbilder einmal gelernt, gilt es sie in tatsächliche Handlungen umzusetzen. Dabei muss zunächst das auszuübende Verhalten in seinen einzelnen Komponenten auf kognitiver Ebene organisiert werden. Abhängig davon, welche Teilfertigkeiten zur Verfügung stehen, kann das Individuum das Verhalten anschließend reproduzieren, wobei diese Reproduktion kontinuierlich durch Selbstbeobachtung sowie die Rückmeldungen anderer kontrolliert wird. Darauf aufbauend kann bei einer erneuten Verhaltensreproduktion eine Korrektur statt-

---

den, wird der Begriff der Aneignung hier nicht im Kontext der sozialkognitiven Lerntheorie benutzt.

finden. Bandura (1977) verweist an dieser Stelle darauf, dass das Individuum jederzeit dazu in der Lage ist, erlernte Teilelemente neu zu arrangieren und damit
kreativ neue Verhaltensmuster zu schaffen:

> „When exposed to models who differ in their styles of thinking and behavior, observers rarely
> pattern their behavior exclusively after a single source, nor do they adopt all the attributes
> even of preferred models. Rather, observers combine various aspects of different models into
> new amalgams that differ from the individual sources." (Bandura 1986, S. 104)

3.3.4   Motivationale Prozesse

Der Mensch, so Bandura (ebd.), setzt nicht jedes erlernte Verhalten auch in die
Tat um. Schließlich kann er als aktiver Agent seiner Handlungen frei entscheiden, ob ein bestimmtes Verhalten für ihn in Frage kommt oder nicht (vgl. Kapitel 3.2.1). Welche Verhaltensmodelle tatsächlich imitiert werden, ist somit eine
Frage motivationaler Prozesse. Bandura (1977) zufolge müssen diese nicht direkt verstärkt werden, auch eine stellvertretende Verstärkung, also eine beobachtete Bekräftigung eines Verhaltensmodells kann motivierend wirken (vgl.
Kapitel 3.1; vgl. u.a. Buckley & Malouff 2005). Schließlich, so Bandura (1977),
sei es ebenfalls möglich, dass sich das Individuum durch die Antizipation von
Verhaltenskonsequenzen selbst verstärkt (vgl. Kapitel 3.2.2).
  Folglich müssen erlernte Verhaltensmuster nicht in reales Verhalten mün-
den. Vielmehr kann das beobachtete Verhalten in Form von Skripts gespeichert
und in Situationen, die der Erinnerung ähneln, wieder abgerufen werden. Eine
Vielzahl von Studien, insbesondere zur Wirkung von Gewaltdarstellungen, belegen dies (vgl. Geen 1994, Geen & Thomas 1986, Hogben 1998, Wood, Wong &
Cachere 1991).

3.4   Verhaltensmodelle

> "However, a special virtue of modelling is that it can transmit simultaneously knowledge of
> wide applicability to vast numbers of people through the medium of symbolic models. By
> drawing on conceptions of behaviour portrayed in words and images, observers can transcend
> the bounds of their immediate environment." (Bandura 1986, S. 47)

Bandura (1986) weist explizit daraufhin, dass Verhaltensmodelle nicht ausschließlich real und greifbar sein müssen, sondern auch in symbolischer Form
vorliegen können (s.o.). Als *symbolische Modelle* versteht er dabei verbale oder
bildliche Darstellungen von Verhaltensweisen, die den Beobachter durch verschiedene Kanäle erreichen können. Bandura (ebd.) erachtet es im Rahmen sei-

ner sozialkognitiven Theorie für irrelevant, wie ein Modell letztlich vermittelt wird. So kommen auch Massenmedien in Frage, um Verhaltensmodelle zu liefern, denn im Prinzip, so konstatiert er, bleiben die grundlegenden Mechanismen gleich.

Bandura geht zwar nicht näher auf den Medienbegriff ein, implizit begreift er Medien jedoch als Träger von Massenkommunikation. Bandura (ebd., S. 47, 70/71) definiert symbolische Modelle anhand der medienvermittelten Erreichung eines breiten Publikums:

> "[...] it can transmit simultaneously knowledge of wide applicability to vast numbers of people through the medium of symbolic models." (Bandura 1986, S. 47)

Diese Definition enthält Kernelemente der klassischen Definition der Massenkommunikation nach Maletzke:

> „Unter Massenkommunikation verstehen wir jene Form der Kommunikation, bei der Aussagen öffentlich (also ohne begrenzte und personell definierte Empfängerschaft), durch technische Verbreitungsmittel (Medien) indirekt (also bei räumlicher oder zeitlicher oder raumzeitlicher Distanz zwischen den Kommunikationspartner) und einseitig (also ohne Rollenwechsel zwischen Aussagendem und Aufnehmendem) an ein disperses Publikum vermittelt werden." (Maletzke 1963, S. 32)

Zudem geht Bandura (1986, S. 55, 70, 145, 166, 318, 511) immer wieder explizit auf das Medium Fernsehen als Vermittler symbolischer Modelle ein.

In der vorliegenden Arbeit wollen wir uns dabei auf fiktionale Inhalte beschränken. In diesem Sinn definieren wir symbolische Modelle als Verhaltensmodelle, die in fiktionalen, massenkommunikativen Inhalten vermittelt werden.

Grundsätzlich, so ist Bandura (1986) sicher, hängt das Ausmaß, in dem Wirkungen erzielt werden weniger davon ab, ob es sich um ein reales oder ein symbolisches Modell handelt, sondern ist vielmehr Ergebnis aller übrigen Umstände (vgl. Kapitel 3.3). Dennoch misst er den symbolischen Modellen hohe Bedeutung beim Erlernen von Verhaltensmustern bei.

Zum einen begründet Bandura (ebd.) die hohe Wirkung symbolischer Modelle durch ihre hohe Reichweite und verweist darauf, dass insbesondere im Fernsehen vermittelte symbolische Modelle eine große Zahl von Beobachtern erreichen und so zu sozialem Lernen führen könnten. Zum anderen, so Bandura (ebd.), liefern Massenmedien dem einzelnen Rezipienten ein deutlich breiteres Spektrum an Verhaltensmodellen als der begrenzte Realitätsausschnitt, zu dem er im realen Leben Zugang hat (vgl. Bandura 1986, 2001a):

> "From televised representations, they learn the values and styles of behaviour of different segments of their own society, as well as those of other cultures." (Bandura 1986, S. 55)

4 Symbolische Modelle

4.1 Empirische Befunde zu symbolischen Modellen

Die Konzeption von massenmedial vermittelten Verhaltensweisen, die das Potenzial haben, als symbolische Modelle von Rezipienten übernommen zu werden, ist Ausgangsbasis einer Reihe kommunikationswissenschaftlicher Forschungsarbeiten. Der eine Teil davon identifiziert und beschreibt symbolische Modelle im massenmedialen Angebot anhand von Inhaltsanalysen, der andere geht der Frage nach der Wirkung dieser symbolischen Modelle auf das Verhalten der Rezipienten nach. Symbolische Modelle werden dabei nicht nur, wie in den Ausgangsstudien von Bandura (vgl. u.a. Bandura & Walters 1963), als isolierte Verhaltensweisen betrachtet. Vielmehr werden auch komplexere Verhaltensmuster oder auch das Auftreten fiktionaler Akteure in spezifischen sozialen Rollen als symbolische Modelle im Sinne Banduras sozial-kognitiver Lerntheorie gewertet.

4.1.1 Deskriptive Untersuchungen

Im Folgenden wird ein kurzer Überblick über den Stand der inhaltsanalytischen Forschung zu symbolischen Modellen in den Massenmedien gegeben[14].

Der in der Kommunikationswissenschaft sicher bekannteste – und wahrscheinlich auch größte – Korpus an Forschungsarbeiten beschäftigt sich mit der Darstellung von Gewalt in den Massenmedien. Dabei wird davon ausgegangen, dass die Rezipienten violenter Medieninhalte dort aggressive Verhaltensmuster lernen können. Um deren Art und Qualität zu bestimmen, wurde eine Vielzahl an inhaltsanalytischen Studien durchgeführt (einen Überblick gibt Hetsroni 2007).

---

14 Oftmals beziehen sich diese Untersuchungen neben der sozialkognitiven Lerntheorie auch auf die Kultivierungsthese (vgl. u.a. Gerbner, Gross, Morgan & Signorelli 1994, Morgan & Shanahan 1997). Da diese jedoch in ihrer Wirkannahme nur bis zur Konstruktion sozialer Realität und nicht bis zu konkreten Handlungen geht (vgl. Hawkins & Pingree 1982, Rossmann 2007), das MPA-Modell jedoch konkretes Handeln voraussetzt (vgl. Kapitel 2.2.3.1), soll dieser theoretische Ansatz im Rahmen dieser Arbeit nicht weiter verfolgt werden.

Des Weiteren beschäftigen sich einige Untersuchungen mit der Darstellung ethnischer Minderheiten in Werbung (vgl. u.a. Atkins & Heald 1977, Bailey 2006, Bang & Reece 2003, Greenberg & Brand 1993, Licata & Biswas 1997, Seiter 1990, Taylor & Stern 1997) sowie im Fernsehprogramm generell (vgl. u.a. Dorr 1982, Greenberg & Brand 1993, Graves 1982). Dabei zeigt sich, dass ethnische Minderheiten deutlich unterrepräsentiert sind (vgl. u.a. Atkins & Heald 1977, Bang & Reece 2003, Barcus 1977, Greenberg & Brand 1993) und ihre Darstellung zumeist stereotyp, z. B. als Aggressoren (vgl. Rich, Woods, Goodman, Emans & DuRant 1998) oder ausführende Angestellte (vgl. Dorr 1982, Staples & Jones 1985) erfolgt. Alle Studien in diesem Gebiet weisen demnach, basierend auf der sozialkognitiven Lerntheorie, auf die Gefahr, die von dysfunktionalen symbolischen Modellen für Angehörige ethnischer Minderheiten ausgeht, hin (zum konkreten Einfluss dieser symbolischen Modell vgl. Kapitel 4.1.2).

Auch gesundheitsrelevantes Verhalten wird mit dem Hinweis auf die Gefahr dysfunktionaler symbolischer Modelle untersucht. Die Studien beschäftigen sich dabei mit der Darstellung von Rauchen im Fernsehen (vgl. u.a. Cruz & Wallack 1986, Hazan & Glantz 1995) und in Filmen (vgl. u.a. Hazan, Lipton & Glantz 1994), dem Alkoholkonsum in Fernsehprogrammen (vgl. u.a. Cruz & Wallack 1986), den dargestellten Körperidealen im fiktionalen Fernsehprogramm (vgl. u.a. Fouts & Burggraf 1999, 2000) oder dem Essverhalten der Fernsehakteure (vgl. u.a. Byrd-Bredbenner & Grasso 1999, Greenberg, Salmon, Rosaen, Worrell & Volkman 2005).

Die Gefahr dysfunktionaler symbolischer Modelle motiviert auch Gender-Untersuchungen zu Rollenbildern. Es zeigt sich, dass Männer Anfang der 1980er Jahre noch dreimal häufiger als Frauen Akteure abendlicher Fernsehprogramme sind (vgl. Signorielli 1982). Generell werden sowohl im fiktionalen Fernsehprogramm als auch in der Werbung stereotype Rollenbilder unterstützt (vgl. u.a. Bretl & Cantor 1988, Peirce 1989, Smith 1994). Frauen und Mädchen werden häufiger im häuslichen Kontext dargestellt und Männer bzw. Jungen werden häufiger als aktiv sowie als aggressiv dargestellt (vgl. u.a. Larson 2001).

Familienstrukturen und das Kommunikationsverhalten von Fernsehfamilien ist ein weiteres Forschungsfeld. Dabei wurden die Interaktionen der bzw. die Kommunikation zwischen den Familienmitgliedern (vgl. u.a. Dail & Way 1985, Greenberg, Buerkel-Rothfuss, Neuendorf & Atkin 1980, Greenberg, Hines, Buerkel-Rothfuss, & Atkin 1980, Greenberg & Neuendorf 1980, Larson 1991, Long & Simon 1974, Skill & Wallace 1990) und die generellen Familienkonstellationen untersucht – zumeist im Hinblick auf klassische Stereotype (vgl. u.a. Skill, Robinson & Wallace 1987).

Seit Beginn der 1990er Jahre rückt zunehmend auch die Darstellung von Sexualverhalten in fiktionalem (Filme und Serien) und nicht-fiktionalem Fernsehprogramm (z.b. Talkshows) ins Zentrum des Interesses (vgl. u. a. Greenberg, Brown & Buerkel-Rothfuss 1993, Ward 1995). In diesem Kontext werden zum ersten Mal explizit nicht die Verhaltensweisen der symbolischen Modelle, sondern auch Gespräche über dieses Verhalten untersucht (vgl. u. a. Farrar, Kunkel, Biely, Eyal, Fandrich & Donnerstein 2003).

> "The learning of scripts related to sexuality can occur both from observing others convey social norms through their talk about sex and from watching actual sexual behavior." (Farrar et al. 2003, S. 34)

Stereotype Darstellungen einzelner Berufsgruppen, wie z.B. die von Lehrern (vgl. u.a. Glanz 1997, Joseph & Burnaford 1994, McCullick, Blecher, Hardin & Hardin 2003) oder von berufsrelevanten Fähigkeiten (vgl. u.a. Kinnick & Parton 2005) wurden ebenfalls untersucht. Auch hier steht, wie u.a. bei der Analyse der Darstellung ethnischer Minderheiten, die Gefahr im Zentrum des Interesses, die von verzerrten Darstellungen ausgeht.

Zusammenfassend lässt sich festhalten, dass symbolische Modelle in den Massenmedien bereits in den verschiedensten Bereichen untersucht wurden – zumeist jedoch im Zusammenhang mit Fernsehen, also dem Medium, dem Bandura in seiner sozialkognitiven Lerntheorie den größten Einfluss zugesteht (vgl. Kapitel 3.4). Diese Untersuchungen sind allesamt durch die Gefahr motiviert, die von der Nachahmung dysfunktionaler und stereotyper symbolischer Modelle ausgeht (zum tatsächlichen Einfluss dieser symbolischen Modelle vgl. Kapitel 4.1.2). Im Hinblick auf die Adoption oder Aneignung von Innovationen als soziales Verhalten und ohne dabei Bezug auf eine konkrete soziale Gefahr zu nehmen, wurden symbolische Modelle bisher noch nicht untersucht.

4.1.2 *Untersuchungen zum Einfluss symbolischer Modelle auf das Verhalten der Rezipienten*

Ausgehend von der Frage, welche konkreten Erkenntnisse es zum tatsächlichen Einfluss von symbolischen Modellen auf das Verhalten der Rezipienten gibt, wird im Folgenden die relevante Forschung hierzu dargestellt.

Aufbauend auf Banduras empirischen Untersuchungen zur Wirkung von aggressiven Verhaltensmodellen, die seine sozialkognitive Lerntheorie unterstützen (vgl. Bandura 1965, Bandura, Ross & Ross 1961, 1963 a, 1963b), beschäftigt sich eine große Zahl von Untersuchungen mit der Frage nach der Wirkung von aggressiven symbolischen Modellen auf den Rezipienten[15]. Diese Studien belegen oftmals eine Wirkung aggressiver TV-Inhalte auf den Rezipienten in Form von aggressivem Verhalten, diese hängt jedoch von einer großen Zahl zusätzlicher Einflussfaktoren ab (vgl. u.a. Bushman & Anderson 2001, Comstock, Chaffee, Katzman, McCombs & Roberts 1978, Comstock & Scharrer 1999, Kleiter 1994, Kleiter 1997, Potter 1999).

Insbesondere in den 1970er und 1980er Jahren bestand, vor dem Hintergrund der verzerrten Darstellung von ethnischen Minderheiten in den Massenmedien (vgl. Kapitel 4.1.1), ein großes Forschungsinteresse an der Frage, inwieweit sich die Zugehörigkeit zu ethnischen Minderheiten auf die Nachahmung von Rollenmodellen auswirkt. Dabei zeigte sich, dass vor allem symbolische Modelle der eigenen ethnischen Minderheit nachgeahmt werden (vgl. u.a. Anderson & Willimas 1983, Comstock & Cobbey 1982, Dates 1980, Eastman & Liss 1980, Greenberg 1972, Karunanayake & Nauta 2004). Verfügen die Verhaltensmodelle jedoch über Autorität und einen hohen sozialen Status, so sinkt der Einfluss der Zugehörigkeit zu einer speziellen ethnischen Minderheit (vgl. u.a. Harris 1986, Nicholas, McCarter & Heckel 1971).

Weiterhin bestand bislang gesteigertes Forschungsinteresse an der Frage wie sich gesundheitsbezogenes Verhalten von symbolischen Modellen auf das Verhalten der Rezipienten auswirkt. Dabei wurden insbesondere die Wirkungen der Darstellung von Zigarettenkonsum auf Jugendliche (vgl. u.a. Gidwani, Sobol, DeJong, Perrin & Gortmaker 2002, Gutschoven & van den Bulck 2005) sowie von Sportlern als Rollenmodelle auf die sportlichen Aktivitäten der Rezipienten untersucht (vgl. u.a. Giuliano, Turner, Lundquist & Knight 2007). Weitere Studien konnten den Einfluss von symbolischen Modellen auf die akademischen Leistungen von Studenten (vgl. Zirkel 2002), das Sexualverhalten der Rezipienten (vgl. u. a. Somers & Tynan 2006, Ward & Friedman 2006) sowie im Kampf gegen den Analphabetismus zeigen (Sabido 1981).

Während sich die hier bislang aufgeführten Studien zum Einfluss symbolischer Modelle, ebenso wie die in Kapitel 4.1.1 dargestellten Untersuchungen dieser Verhaltensmodelle, allesamt auf soziale Konfliktthemen beziehen, wurden zur tatsächlichen Wirkung von stellvertretenden Verhaltensmodellen auch Untersuchungen im Bereich des Konsumverhaltens durchgeführt. So ließ sich mehrfach nachweisen, dass berühmte Werbeträger Einfluss auf das Kaufverhalten der Rezipienten haben (vgl. u.a. Lafferty & Goldsmith 1999, Ohanian 1990).

---

15 Die Aussagekraft der Studien Banduras für die Analyse der Wirkung von Gewaltdarstellungen in den Massenmedien ist begrenzt, da es sich hier weder um echte symbolische Verhaltensmodelle handelte (vgl. Kapitel 3.4), noch die gezeigten Verhaltensmodelle Ähnlichkeit mit im Fernsehen gezeigten Gewaltakten aufweisen (vgl. Kunczik & Zipfel 2006, S. 152 ff.).

Martin & Bush (2000) zeigten, dass dabei den Lieblings-Sportlern und Lieblings-Entertainern der Rezipienten eine besonders wichtige Rolle zukommt. Abschließend lässt sich festhalten, dass der Einfluss von stellvertretenden Verhaltensmodellen auf das Verhalten der Rezipienten ein gut belegtes empirisches Phänomen darstellt[16]. Dies gilt nicht nur für gesellschaftlich problematisches, sondern auch für Konsumverhalten, einem Bereich, der eng mit dem der Adoption und der Aneignung von Innovationen verwandt ist – dem Gegenstand der vorliegenden Arbeit (vgl. Kapitel 2.1.1.1).

4.2 Verhaltensmodelle im MPA-Modell

Von Wirth et al. (2007a, 2008) wurde bisher nicht detailliert ausgeführt, wie sich der im Verlauf der Aneignung zentrale Prozess der Metakommunikation gestaltet. Dies soll im Folgenden behandelt werden, wobei die Frage, welche Rolle symbolische Modelle bzw. Beobachtungslernen im Rahmen des MPA-Modells spielen, in den Mittelpunkt gerückt wird.

Metakommunikation umfasst im MPA-Modell per se sowohl *interpersonale* als auch *massenmedial vermittelte Kommunikation*. Dabei kann sie sowohl durch *Gespräche* sowie in Form von *Beobachtungen* erfolgen (vgl. Kapitel 2.2.3.5.1).

4.2.1 *Verhaltensmodelle in der interpersonalen Metakommunikation*

Die Beschreibung des Phänomens der interpersonalen Beobachtung stellt sich anhand der sozialkognitiven Lerntheorie vergleichsweise einfach dar: Individuen sehen, wie Menschen in ihrem sozialen Umfeld das Mobiltelefon nutzen und imitieren, je nach Ausgestaltung der Subprozesse des Beobachtungslernens (vgl. Kapitel 3.3), möglicherweise diese Verhaltensmodelle. Abstrahiert man dieses Grundprinzip auf die interpersonale Kommunikation, so sind folgende Aspekte von Bedeutung:

In interpersonalen Gesprächen können unabhängig von konkret beobachteten Handlungen symbolische Modelle verbal transportiert werden – beispiels-

---

16 Die Kommunikationswissenschaft diskutiert den Einfluss von symbolischen Modellen auch im Rahmen der Forschung zu Fallbeispielen, jedoch nicht immer unter Bezug auf die sozialkognitive Lerntheorie. Der Einfluss von aus der sozialkognitiven Lerntheorie abgeleiteten Faktoren wie Auffälligkeit und Außergewöhnlichkeit der Modellperson oder Ähnlichkeit zwischen der Modellperson und dem Rezipienten konnte jedoch nicht nachgewiesen werden (vgl. Brosius 1996).

weise indem man im Laufe einer Unterhaltung von einem Bekannten hört, zu welchem Anlass er sein Mobiltelefon genutzt hat.

Zum anderen können durch interpersonale Gespräche - und eventuell auch nonverbale Äußerungen – Bewertungen von Handlungen vermittelt werden, die als motivationale Prozesse wichtig für eine mögliche Nachahmung des Verhaltensmodells sind (vgl. Kapitel 3.3.4).

4.2.2   Symbolische Modelle: Verhaltensmodelle in der massenmedial vermittelten Metakommunikation

In dem Maße, in dem Beobachtungslernen nicht auf den Bereich der interpersonalen Kommunikation beschränkt bleibt (vgl. Kapitel 3.4), berücksichtigt das MPA-Modell ebenfalls den Aspekt der massenmedial vermittelten Metakommunikation: Auch im MPA-Modell ist die Möglichkeit des Beobachtungslernens anhand symbolischer Modelle angelegt (vgl. Kapitel 3.4).

Abbildung 13: Spiegelung des MPA-Modells in der Metakommunikation

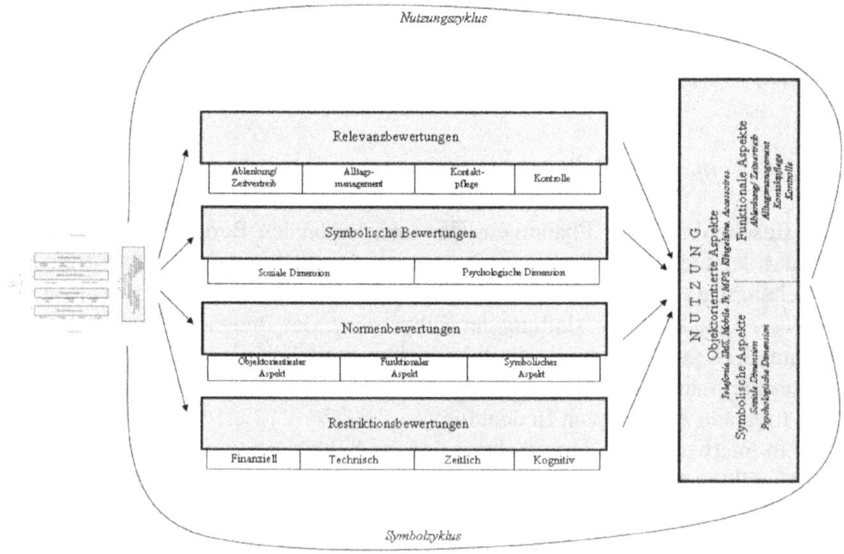

Quelle: Eigene Darstellung

Unter Beobachtung *symbolischer Modelle der Handyaneignung* verstehen wir, dass eine Person massenmediale Inhalte rezipiert, in denen ein fiktionaler Akteur mit einem Mobiltelefon interagiert. In diesem Sinne ist beispielsweise allein die Tatsache, dass ein fiktionaler Akteur ein Mobiltelefon sichtbar bei sich trägt, als symbolisches Modell der Handyaneignung zu werten. Diese durch den Zuschauer beobachteten Handlungen sind gemäß der Logik des MPA-Modells der Metakommunikation zuzurechnen. Gleichzeitig lassen sich jedoch auch – als handybezogene Handlungen – anhand des MPA-Modells beschreiben. In diesem Sinne spiegelt sich das MPA-Modell in der Dimension der Metakommunikation selbst (vgl. Abbildung 13).

Um diese beiden Manifestationen des MPA-Modells von einander unterscheiden zu können, soll das in der Metakommunikation gespiegelte MPA-Modell im Folgenden als *MPA-Modell 2. Ordnung (MPA II)* bezeichnet werden im Gegensatz zum MPA-Modell 1. Ordnung (MPA I), welches Aneignungsprozesse in der realen Welt beschreibt.

Jedoch ist festzustellen, dass nicht alle theoretischen Dimensionen des MPA II auch durch den Rezipienten wahrgenommen werden können:

Zunächst handelt es sich bei den Restriktionsbewertungen II, Normbewertungen II, funktionalen Bewertungen II und symbolischen Bewertungen II um (hypothetische) Kognitionen der fiktionalen Akteure, die ihrem Wesen entsprechend für den Rezipienten nicht unmittelbar, sondern einzig mittelbar durch Metakommunikation II beobachtbar sind, d.h. dann wenn fiktionale Akteure über Aspekte der Mobilkommunikation sprechen[17].

Darüber hinaus stellt auch der symbolische Nutzungsaspekt II in letzter Konsequenz ein kognitives Element dar, welches der Zuschauer nur vermittelt durch die Metakommunikation II wahrnehmen kann. Schließlich beschreibt er doch – in Anlehnung an den symbolischen Nutzungsaspekt I (vgl. Kapitel 2.2.3.1.2) – die Auswirkungen der Nutzung des Mobiltelefons auf das soziale und persönliche Selbst des fiktionalen Handynutzers.

Somit lassen sich die folgenden drei Aspekte des MPA II ausmachen, die für die Beschreibung symbolischer Modelle der Handyaneignung relevant sind:

- der objektorientierte Nutzungsaspekt II
- der funktionale Nutzungsaspekt II
- Metakommunikation II

---

17 Auch ein normgerechtes bzw. normverletzendes Verhalten lässt sich – im Bereich der Handynutzung – nicht allein an Handlungen festmachen. Vielmehr bedarf es auch hier einer Verbalisierung, um diesen Aspekt für den Rezipienten beobachtbar zu machen. Zwar gibt es Bereiche des menschlichen Lebens, in denen Normen in unserem Kulturkreis so unumstößlich sind, dass eine Normbeachtung bzw. -verletzung allein anhand einer Verhaltensweise ohne jede weitere verbale Äußerung erkennbar ist. Dies gilt jedoch nicht für Mobilkommunikation, einem Bereich, in dem aufgrund seiner noch jungen Geschichte Normen noch nicht eindeutig und fest genug definiert sind (vgl. Kapitel 2.1.2.2).

Diese sollen im Folgenden (insbes. in Kapitel 7) als Aneignungsaspekte II bezeichnet werden.

4.2.2.1   Objektorientierter Nutzungsaspekt II

Der *objektorientierte Nutzungsaspekt II* beschreibt in Analogie zum objektorientierten Nutzungsaspekt I (vgl. Kapitel 2.2.3.1.1) die Handhabung des in massenmediale Inhalte sichtbar eingebundenen Objekts Mobiltelefon. Hierunter fallen sowohl die Gestaltung eines Handys, als auch die Frage nach der konkret genutzten Funktionalität (Nutzungsmodus). Weiterhin ist im Bereich des objektorientierten Nutzungsaspekts II der Umstand angesiedelt wie und wo das Mobiltelefon getragen wird (im Folgenden: Handling). Sieht der Zuschauer also z. B., dass Olli Klatt – eine Figur der Lindenstraße, die im Folgenden anhand von hypothetischen Szenarien die in Kapitel 4.2.2 behandelten Aspekte illustrieren soll – sein blaues Handy aus seiner Gürteltasche nimmt und damit zu telefonieren beginnt, so handelt es sich hier um Aspekte der objektorientierten Nutzung II.

4.2.2.2   Funktionaler Nutzungsaspekt II

Der *funktionale Nutzungsaspekt II* geht, ebenso wie der funktionale Nutzungsaspekt I, der Frage nach der Funktion des Handygebrauchs – im Sinne klassischer UGA-Dimensionen – nach (vgl. Kapitel 2.2.3.1.2). Auch die 2. Ordnung dieses Nutzungsaspekts betreffend unterscheiden wir die Dimensionen Ablenkung/ Zeitvertreib, Alltagsmanagement, Kontaktpflege und Kontrolle. Konkret: Ist aus Rezipientensicht beobachtbar, dass Herr Klatt mit seinem Handy Murat Dagdelen – eine weitere Figur der Lindenstraße – anruft, um mit ihm für 15:00 Uhr ein Treffen im Café Bayer zu vereinbaren, so handelt es sich dabei um einen Aspekt der funktionalen Nutzung II des Mobiltelefons.

4.2.2.3   Metakommunikation II

Metakommunikation II schließlich meint, dass sich fiktionale Akteure über Aspekte der Mobilkommunikation unterhalten. Metakommunikation II kann dabei zum einen bildlich modellierte Verhaltensweisen der fiktionalen Akteure begleiten, zum anderen aber auch isoliert auftreten, ohne dass entsprechende Verhaltensweisen für den Rezipienten sichtbar sind.

Durch solche hier beschriebenen Gespräche befindet sich das MPA-Modell auf einer weiteren Ebene der Spiegelung: Während es sich im Rahmen der Metakommunikation I, d. h. hinsichtlich der Rezeption massenmedialer Inhalte, zum ersten Mal spiegelt, spiegelt es sich nunmehr in den Gesprächen fiktionaler Akteure ein zweites Mal. Damit ergibt sich zwangsläufig das *MPA-Modell 3. Ordnung (MPA III).*

Abbildung 14: Ebenen des MPA-Modells

──── Handyaneignung durch den Rezipienten: MPA I

••••• Handyaneignung durch fiktionale Akteure: MPA II

── ── Aussagen fiktionaler Akteure über Mobilkommunikation: Symbolische Modelle
Metakommunikation II beschrieben anhand eines MPA III   der Handyaneignung

Quelle: Eigene Darstellung, Szenenbild Gilmore Girls © 2008 Warner Bros. Entertainment Inc. All rights reserved

Auch das MPA III kann prinzipiell alle Aspekte umfassen, welche aus dem MPA I bekannt sind (vgl. Kapitel 2.2.3). Da es jedoch unwahrscheinlich erscheint, dass der Rezipient auf der hohen Abstraktionsebene des MPA III in der Lage ist, zwischen der verbalen geäußerten Bewertung und der verbal beschriebenen tatsächlichen Ausführung einer Verhaltensweise zu unterscheiden[18], verzichtet die vorliegende Arbeit im Weiteren auf eine gesonderte Betrachtung der

---

18 Auf Basis des ausdifferenzierten Verhaltensbegriffs, der dem MPA-Modell zugrunde liegt, ist diese Unterscheidung bereits bei der Formulierung von Items zur Untersuchung von Aneignungsprozessen 1. Ordnung schwierig (vgl. Kapitel 2.2.4.1).

hier als rein hypothetisch eingestuften Bewertungsdimensionen Relevanzbewertungen III und symbolischen Bewertungen III und stützt sich nur auf die korres-
pondierenden funktionalen und symbolischen Nutzungsaspekte III.

Auch eine weitere Vertiefung des Modells, d.h. die Einführung einer Dimension der Metakommunikation III wäre zwar theoretisch möglich. Im gerade
erläuterten Sinne erscheint aber auch eine solche Weiterführung der Spiegel-im-
Spiegel-Logik nicht sinnvoll, und soll daher ebenfalls nicht erfolgen. Schließlich
würde eine derartige Betrachtung von Gesprächen fiktionaler Akteure über Gespräche die fiktionale Akteure geführt haben nicht dazu führen weitere Aspekte
der Handyaneignung identifizieren zu können.

Somit verbleiben die folgenden für die Beschreibung der Metakommunikation II relevanten Aspekte des MPA III:

- Objektorientierter Nutzungsaspekt III
- Funktionaler Nutzungsaspekt III
- Symbolischer Nutzungsaspekt III
- Restriktionsaspekt III
- Normaspekt III

In Anlehnung an die entsprechenden Nutzungsaspekte 1. und 2. Ordnung (vgl.
Kapitel 2.2.3.1.1 und 4.2.2.1) beschreibt der *objektorientierte Nutzungsaspekt
III* die Thematisierung von Nutzungsmodus, Gestaltung des Mobiltelefons oder
Handling in den Gesprächen der fiktionalen Akteure. Hört also der Rezipient,
um in unserem Beispiel zu bleiben, wie Murat Dagdelen bei seinem Treffen mit
Olli Klatt zu diesem sagt: „Dein neues Handy hat 'ne coole Farbe.", so handelt
es sich hierbei um eine Facette des objektorientierten Nutzungsaspekts III.

Der *funktionale Nutzungsaspekt III* wird, ebenfalls in Anlehnung an die
entsprechenden Aspekte I und II (vgl. Kapitel 2.2.3.1.2), in Ablenkung/ Zeitvertreib, Alltagsorganisation, Kontaktpflege und Kontrolle unterschieden. Letztgenannte Dimension liegt z. B. dann vor, wenn der Zuschauer Olli Klatt sagen
hört: „Ich rufe kurz Lisa an und frag sie wo sie gerade ist.".

Zieht man nun in Betracht, dass der am Nebentisch sitzende Herr Beimer
die Situation mit dem Ausspruch „Der Olli kann wohl ohne sein Handy nicht
mehr leben. Der gibt ganz schön damit an!" kommentiert, so reflektiert dieser
beide Dimensionen des *symbolischen Nutzungsaspekts III* – zunächst die persönliche, die den Wert des Mobiltelefons für das persönliche Selbst beschreibt
und anschließend die soziale, die den Wert des Mobiltelefons für das soziale
Selbst erfasst. Erneut entsprechen diese beiden Dimensionen denen des
zugehörigen Aspekts I (vgl. Kapitel 2.2.3.1.2).

Analog zum Restriktionsaspekt 1. Ordnung lässt sich auch der *Restriktionsaspekt III* in die Thematisierung technischer, zeitlicher, kognitiver oder finanzieller Beschränkungen unterteilen. Hört der Zuschauer also Murat sagen „Schade, so ein Handy kann ich mir nicht leisten.", so handelt es sich der Logik des MPA-Modells folgend um den finanziellen Restriktionsaspekt III.

Der *Normaspekt III* schließlich beschreibt die Frage, ob in den Gesprächen der fiktionalen Akteure Normen des Handygebrauchs angesprochen werden. Da diese Normen dynamischen Änderung unterworfen sind soll hier, neuerlich in Anlehnung an MPA I, nicht ihre konkrete Ausgestaltung im Vordergrund stehen (vgl. Kapitel 2.2.3.2.3). Vielmehr steht hier im Zentrum der Betrachtung, ob Normen thematisiert werden. Sieht der Rezipient also Olli Klatt wenig diskret mit seinem Handy im Cafe Bayer telefonieren sowie die Kellnerin mit den Worten „Würdest Du bitte draußen weiter telefonieren, in diesem Café ist das Telefonieren mit dem Handy nicht erlaubt." an den Tisch von Murat und Olli treten, so ist dies als Normaspekt III im Sinne eines Hinweises auf eine Normverletzung zu begreifen.

4.2.2.4   Motivationale Aspekte

Neben den eben angeführten Aneignungsaspekten II umfassen symbolische Modelle der Handyaneignung auch motivationale Aspekte im Sinne der sozialkognitiven Lerntheorie.

Zunächst sei hier der für den Rezipienten beobachtbare *Erfolg* bzw. *Misserfolg* der modellierten Verhaltensweisen genannt. Dieser Aspekt ist für eine mögliche Nachahmung der symbolischen Modelle der Handyaneignung insofern relevant, als infolge eines beobachteten erfolgreichen Modells eine Antizipation positiver Konsequenzen des eigenen Verhaltens und damit die Auslösung eines Prozesses der Selbstverstärkung im Zuschauer sehr wahrscheinlich ist (vgl. Kapitel 3.3.4). Dass Olli Klatt in der hier eingeflochtenen Serie von Szenarien im Telefonat mit Murat das seinerseits angestrebte Ziel erreicht, nämlich Ort und Zeit für ein gemeinsames Treffen zu vereinbaren, macht dieses Modell erfolgreich. Eine Nachahmung dieses symbolischen Modells durch den Rezipienten ist somit wahrscheinlicher, als wenn es Olli Klatt in dieser Szene nicht gelungen wäre, das Treffen zu koordinieren.

Weiterhin stellt auch eine *positive bzw. negative Bewertung* von gezeigten Verhaltensweisen durch andere fiktionale Akteure im Rahmen der Metakommunikation II einen motivationalen Aspekt dar. Im Sinne von Banduras sozialkognitiver Lerntheorie erfährt das symbolische Modell der Handyaneignung auf diesem Wege eine Bestärkung bzw. Bestrafung, die im Rahmen der motivationalen Prozesse des Beobachtungslernens als stellvertretende Verstärkung auch auf den Rezipienten wirkt (vgl. Kapitel 3.3.4). Sieht also der Zuschauer Olli Klatt nach der Ermahnung durch die Kellnerin tatsächlich aufstehen, um das Telefonat außerhalb des Cafés fortzusetzen und die Kellnerin lobt ihn dafür mit den Worten „Danke, dass ist nett, dass du rausgehst", so macht auch dies eine Imitation der entsprechenden Verhaltensweise durch den Zuschauer wahrscheinlicher, da das Lob der Kellnerin an Olli Klatt als stellvertretende Verstärkung auch auf den Rezipienten wirkt.

Abbildung 15: Symbolische Modelle der Handyaneignung im MPA-Modell

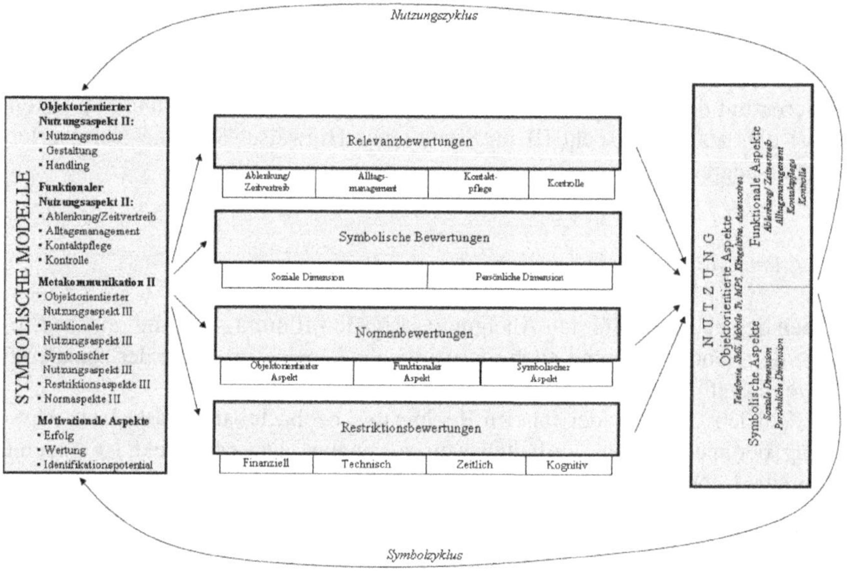

Quelle: Eigene Darstellung

Schließlich hat auch das *Identifikationspotential* des symbolischen Modells der Handyaneignung Einfluss auf eine potentielle Nachahmung der entsprechenden Verhaltensweisen durch den Rezipienten. Wie eine Vielzahl empirischer Studien in der Tradition der sozialkognitiven Lerntheorie zeigen konnten (vgl. Kapitel 4.1.2), haben Verhaltensmodelle, deren Akteure dem Beobachter ähnlich sind und die dem Fernsehpublikum als Identifikationsfiguren dienen, größeren Einfluss auf deren Verhalten, als andere Verhaltensmodelle. In dieser Hinsicht hat das in unserem Beispiel skizzierte Verhalten von Olli Klatt ein größeres Wirkpotential auf das Verhalten von jungen Männern, als dies beispielsweise

der Fall wäre, würde Else Kling – eine ältere, weibliche Figur der Lindenstraße
– bei der Mobiltelefonnutzung dargestellt.

4.3   Überlegungen zur Relevanz verschiedener Genres und Gattungen

Wie bereits zuvor deutlich gemacht, ist es das erklärte Ziel der vorliegenden Arbeit, symbolische Modelle der Handyaneignung zu untersuchen. Bisher liegen
jedoch keine empirischen Erkenntnisse zur Wirksamkeit symbolischer Modelle
in verschiedenen Genres und Gattungen[19] fiktionaler TV-Inhalte vor. Es stellt
sich somit die Frage, welche Art fiktionaler Inhalte sinnvollerweise betrachtet
werden soll[20].

Nach Bandura (1977) kann Beobachtungslernen umso erfolgreicher sein, je
häufiger das entsprechende Verhalten durch den Rezipienten beobachtet wird
(vgl. Kapitel 3.3). Daher sollte die für die Untersuchung ausgewählte Gattung
möglichst immer wiederkehrende Verhaltensmodelle zeigen.

Mikos (1994a, S. 138-143) unterscheidet drei Typen wiederholender, fiktionaler Fernsehinhalte: Mehrteiler, Reihen und Serien. *Mehrteiler* behandeln
eine in sich abgeschlossene Geschichte in nur wenigen Folgen. Im Zentrum des
Geschehens steht zumeist eine Gemeinschaft von Akteuren. *Reihen* haben keine
Gesamtgeschichte. In abgeschlossenen Episoden kann wiederum eine Gemeinschaft von Akteuren im Mittelpunkt stehen. Zumeist hat eine Reihe zwischen 20
und 100 Folgen. *Serien* drehen sich immer um eine Gemeinschaft von Akteuren.
In fortlaufenden Folgen wird eine offene Gesamtgeschichte erzählt. Oftmals hat
eine Serie weit über 100 Folgen.

---

19 In Anlehnung an Gehrau 2001 soll Gattung dabei als Systematisierung von Fernsehinhalten anhand ihrer Form verstanden werden, Genres dagegen sind „am Inhalt orientierte Untergruppen der fiktionalen Gattungen" (ebd., S. 18).

20 Gerbners Kultivierungsthese folgend ließe sich argumentieren, derartige Überlegungen seien unnötig, da das Fernsehen über alle Genres und Gattungen hinweg ein einheitliches Set an Bildern und Botschaften transportiert (vgl. u. a. Gerbner & Gross 1976, Gerbner et al. 1994, Morgan & Shanahan 1997). Diese Grundannahme wurde jedoch vielfach kritisiert (vgl. u.a. Hawkins & Pingree 1982, Hughes 1980, Potter 1993) und auf Basis diverser Inhaltsanalysen angezweifelt (vgl. u. a. Chory-Assad & Tamborini 2001, Fujioka 1999, Potter & Warren 1998; einen Überblick gibt Rossmann 2007, S. 105-108). Konsequenterweise hat sich auch die Kultivierungsforschung weitgehend der Untersuchung einzelner Genres zugewandt. Zum einen untersucht eine Vielzahl von Studien genrespezifische Kultivierungseffekte (vgl. u.a. Davis & Mares 1998, Hawkins & Pingree 1980, Rössler & Brosius 2001; einen Überblick gibt Rossmann 2007, S. 110-118). Zum anderen wird auch für die Identifikation einheitlicher Metabotschaften als vorgezogener Analyseschritt eine Identifikation entsprechender Aussagen auf Ebene verschiedener Genres gefordert (vgl. Rossmann 2007, S. 132).

In Anbetracht der hier aufgeführten Charakteristika der drei Gattungen, erscheint die Untersuchung von Serien am sinnvollsten: Durch die feste Gemeinschaft von Akteuren, die über einen langen Zeitraum den Mittelpunkt des Geschehens bilden, erscheint die Wahrscheinlichkeit in diesem Rahmen einzelne Verhaltensmodelle wiederholt beobachten zu können deutlich am höchsten. Zusätzlich bieten die festen Akteurskonstellationen der Serie, die man über einen längeren Zeitraum beobachten kann dem Rezipienten auch Raum für Identifikation, welche wiederum Beobachtungslernen fördert (vgl. Kapitel 4.1.2).

Was die Klärung der Frage angeht welche Arten von Serien konkret betrachtet werden sollen, ist zunächst festzustellen, dass eine Vielzahl von Klassifikationen der Fernsehprogrammstruktur existiert. Diese Klassifikationen beinhalten zumeist auch Listen zur Unterteilung von Serien in einzelne Genres (vgl. u.a. Brosius & Zubayr 1996, Krüger & Zapf-Schramm 2007, Weiss 1998), die Gehrau (2001) als *Klassifikationen ohne Publikumsbezug* bezeichnet. Daneben gibt es zweitens *Klassifikationen mit indirektem Publikumsbezug*, worunter die Genreeinteilungen der Film- und Fernsehkritik sowie der Programmzeitschriften fallen (vgl. u.a. Lopez 1993, Renckstorf & Schröder 1986). Und drittens führt Gehrau (2001) die *Klassifikationen mit Publikumsbezug* an, deren Kategorien zur Einteilung von Fernsehinhalten mittels Befragungsstudien gewonnen werden (vgl. u.a. Gebel & Thum 2000, Gehrau 2001, Rusch 1993).

Im Folgenden orientiert sich die vorliegende Arbeit an der Klassifikation von Gebel & Thum (2000, S. 26-36). Diese ist grundlegend zuschauerbasiert, und orientiert sich an Serien, was sie per se für eine klare Zuordnung einzelner Serien am besten geeignet erscheinen lässt. Gebel & Thum (ebd.) unterscheiden insgesamt neun Genres: Soaps, Comedies, Actionserien, Mysteryserien, Krimis, Krankenhaus- und Arztserien, Familienserien, Sciencefictionserien und Abenteuerserien. *Soaps* behandeln alltägliche Probleme und Konflikte die innerhalb kleiner Gemeinschaften gelöst werden. Dabei stehen persönliche Beziehungen im Mittelpunkt. Charakteristisches Merkmal der Soaps ist der Cliffhanger. Durch dieses konstituierende Merkmal der offenen Erzählstruktur wird es möglich die Handlung auch über Jahre weiterzuspinnen. *Comedies* zeichnen sich durch witzige Pointen aus, die durch Störungen und Verwechslungen im alltäglichen entstehen. Genretypisch sind hier die Off-Lacher aus dem Hintergrund. Zentrales Thema der *Actionserien* ist der Kampf des Guten gegen das Böse. Wichtiges Merkmal dieses Genres sind rasante Actionsequenzen. Unerklärliche Phänomene, die Existenz von Außerirdischen oder auch abnorme Verbrechen sind Gegenstand der *Mysteryserien*. Einzelkämpfer oder kleine Teams sind im Allgemeinen die Hauptakteure solcher Serien. Neben dem Kampf gegen das Unerklärliche werden dabei oftmals auch ihre persönlichen Beziehungen und Phänomene thematisiert. *Krimis* drehen sich um die Aufklärung von Verbrechen. Im Zentrum des Geschehens stehen die Ermittler, deren private Beziehungen oder Konflikte im Kollegenkreis zumeist in Nebenhandlungen thematisiert werden. *Krankenhaus- und Arztserien* definieren sich über den Hauptort der Handlungen: Krankenhäuser und Arztpraxen. Thema der Handlung sind zumeist medizinische Fälle und persönliche Beziehungen. Der Begriff *Familienserie* dient nach Gebel & Thum (2000) oftmals als Auffangbecken für schwer zu kategorisierende Serien. Im Zentrum stehen jedoch immer eine Familie und ihr Alltag. *Sciencefictionserien* spielen in der Zukunft. Handlungsort sind zumeist Raumstationen und fremde Galaxien. Die Hauptakteure von *Abenteuerserien* sind zumeist männlich und geraten durch unvorhergesehene Zufälle in schwierige Situationen, in denen sie sich behaupten müssen. Zumeist gilt es dabei durch die Lösung schwieriger Probleme Katastrophen zu verhindern.

Nach Bandura (1977) fördern realitätsnahe Modelle das Beobachtungslernen. Den Genrebeschreibungen von Gebel & Thum (2000) folgend, bieten sich entsprechend die teilweise schwer voneinander zu trennenden Genres *Soaps* und *Familienserien* besonders als zu analysierende fiktionale Inhalte an.

Innerhalb dieser beiden Genres gilt es, grundsätzlich zwischen täglich und wöchentlich ausgestrahlten Formaten zu differenzieren. Die beiden angesprochenen Formatierungen unterscheiden sich in zwei Punkten von einander: Zunächst wäre da die Machart der Serien, die sich aufgrund der sehr unterschiedlichen Produktionsbedingungen in beiden Fällen deutlich anders darstellt. Während die täglich ausgestrahlten Formate (Daily Soaps) in einem sehr straff organisierten Herstellungsprozess mit relativ geringem Budget produziert werden müssen, um für jeden Werktag mit einer kompletten Episode verfügbar zu sein (vgl. u.a. Boll 1994, Schwanebeck 2001) lassen geringerer Termindruck und größere Budgets bei den wöchentlich ausgestrahlten Serien im Herstellungsprozess mehr Raum für Kreativität und Überarbeitungen (vgl. u.a. Boll 1994, Hercher 1995, Mehle 1995). Weiterhin unterscheiden sich die beiden Formatierungen in ihrer Darstellung des Alltags. Während wöchentliche Soaps und Familienserien versuchen das Alltagsmilieu verschiedener sozialer Gruppen aufzugreifen (vgl. u.a. Bleicher 1995, Boll 1994, Geißendörfer 1990, Höpel 2005), sind Daily Soaps weitgehend von der sozialen Realität gelöst (vgl. u.a. Baranowski 2002, Simon-Zülch 2001):

„Das Alltagsmilieu der Daily Soaps dagegen ist völlig abgekoppelt von gesellschaftlicher Wirklichkeit und erfüllt vor allem zwei Funktionen, eine ökonomische und eine dramaturgische. Die ökonomische Funktion: Mit Allerwelts-Studiokulissen aus Tisch, Sofa, Bettcouch, Küchenzeile, Designer-Nippes, Poster an der Wand, Schreibtisch, Kommode, Kleiderschrank, Krankenhausbett und gleich bleibender Kneipen- oder Ladenausstattung sind Dauerserien preiswert zu produzieren. Die dramaturgische Funktion: Wieder erkennbare Kulissen bieten optisch die Orientierungshilfe, die dringend nötig ist, um sich zurechtzufinden im ständigen

Tür-Auf-Tür-Zu der Protagonisten und den Schicksalsschlägen, von denen sie unentwegt berichten müssen." (Simon-Zülch 2001, S. 23)

Aus diesen Gründen soll sich die vorliegende Arbeit ausschließlich auf *wöchentlich ausgestrahlte TV-Familienserien und Soaps* stützen.

5 Forschungsfragen

Ziel der vorliegenden Arbeit ist es, den Bereich der Metakommunikation im Aneignungsprozes näher zu beleuchten. Konkret soll das Wirkpotential massenmedialer Inhalte auf den individuellen Aneignungsprozess untersucht werden. Hierfür wird beispielhaft die Darstellung des Mobiltelefons in fiktionalen Fernsehserien untersucht (vgl. Kapitel 1).

Wie in Kapitel 4.2.2 erläutert, stellen symbolische Modelle der Handyaneignung eine Form der massenmedial vermittelten Metakommunikation dar, welche sich durch eine Spiegelung des MPA-Modells in der Dimension der Metakommunikation beschreiben lässt. Folglich sollen symbolische Modelle der Handyaneignung untersuchen werden, die dem deutschen Publikum zugänglich sind (vgl. Kapitel 1). Hierbei greifen wir zur Beschreibung dieser symbolischen Modelle auf ein MPA-Modell 2. Ordnung zurück (vgl. 4.2.2). Aufgrund der in Kapitel 4.3 ausgeführten Überlegungen soll sich die Analyse dabei auf wöchentlich ausgestrahlte Familienserien und Soaps beschränken.

Die Handynutzung ist in Deutschland sowohl hinsichtlich Penetration als auch Nutzungsdauer seit dem Ende der 1990er Jahre sprunghaft angestiegen (vgl. Kapitel 1). Es erscheint daher sinnvoll, symbolische Modelle der Handyaneignung genau in diesem Zeitraum der massenhaften Verbreitung der Mobilkommunikation zu untersuchen. Zusammengefasst lautet die forschungsleitende Fraue der vorliegenden Untersuchung somit:

Welche symbolischen Modelle der Handyaneignung lassen sich in wöchentlich im deutschen Fernsehen ausgestrahlten Familienserien und Soaps finden? Und wie haben sich diese in den vergangenen zehn Jahren (1996-2006) seit der massenhaften Verbreitung des Mobiltelefons verändert?

Mit diesem Forschungsinteresse betritt die vorliegende Studie wissenschaftliches Neuland. Weder der Prozess der Metakommunikation im Rahmen des MPA-Modells (vgl. Kapitel 4.2), noch symbolische Modelle der Alltagsintegration von Innovationen wurden bisher untersucht (vgl. Kapitel 4.1.1). Daher erscheint eine Formulierung expliziter Hypothesen nicht angemessen. Vielmehr stützt sich die vorliegende empirische Untersuchung allein auf Forschungsfragen.

Wie in Kapitel 4.2.2 dargestellt, lassen sich symbolische Modelle der Handyaneignung anhand verschiedener Aspekte sowohl auf Basis des MPA-Modells als auch der sozialkognitven Lerntheorie beschreiben.

Vor dem Hintergrund des MPA-Modells II gilt dies zunächst für die Nutzung des Objekts Mobiltelefon durch fiktionale Akteure, die anhand des objektorientierten Nutzungsaspekts II veranschaulicht werden kann (vgl. Kapitel 4.2.2.1). Diesbezüglich stellen sich die folgenden Fragen:

1.1   Welche objektorientierten Nutzungsaspekte II lassen sich in den symbolischen Modellen der Handyaneignung identifizieren?
1.2   Inwieweit haben sich diese im Zeitraum 1996 bis 2006 verändert?

Der konkrete Zweck, den die fiktionalen Akteure mit dem Gebrauch von Mobiltelefonen verfolgen, kann anhand des funktionalen Nutzungsaspekts II beschrieben werden (vgl. Kapitel 4.2.2.2). Damit rücken zwei weitere Punkte in den Fokus des Forschungsinteresses:

2.1   Welche funktionalen Nutzungsaspekte II lassen sich in den symbolischen Modellen der Handyaneignung identifizieren?
2.2   Inwieweit haben sich diese im Zeitraum 1996 bis 2006 verändert?

Ebenso wie die beiden eben angeführten Aspekte konkreter Verhaltenswiesen fiktionaler Akteure beinhalten auch symbolische Modelle der Handyaneignung den Aspekt der Metakommunikation II: Denn auch in den Gesprächen die fiktionale Akteure über Aspekte der Mobilkommunikation führen, werden Verhaltensmodelle – in verbaler Form – transportiert. Diese Gespräche können konkretes Verhalten der fiktionalen Akteure begleiten oder aber auch isoliert, ohne eine entsprechende Handynutzung, auftreten (vgl. Kapitel 4.2.2.3).

3.1   Welche Aspekte der Metakommunikation II lassen sich in den symbolischen Modellen der Handyaneignung identifizieren?
3.2   Inwieweit haben sich diese im Zeitraum 1996 bis 2006 verändert?

Neben den erwähnten, aus dem MPA-Modell abgeleiteten Aspekten, umfassen symbolische Modelle auch aus der sozialkognitiven Lerntheorie abgeleitete motivationale Aspekte. Diese beeinflussen die Wahrscheinlichkeit einer Nachahmung der modellierten Verhaltensweisen durch den Rezipienten (vgl. Kapitel 4.2.2.4) und werfen die nachfolgenden Forschungsanliegen auf:

4.1 Welche motivationalen Aspekte lassen sich in den symbolischen Modellen der Handyaneignung identifizieren?

4.2 Inwieweit haben sich diese im Zeitraum 1996 bis 2006 verändert?

Über eine derartige Deskription der verschiedenen Aspekte symbolischer Modelle der Handyaneignung hinaus, stellt sich die Frage nach den Mustern der Aneignung in einem Aneignungsprozess 2. Ordnung. Wirth et al. (2007) schlagen auf der Ebene des Aneignungsprozesses 1. Ordnung vor Clusteranalysen durchzuführen, um die Endpunkte dieses Prozesses zu identifizieren (vgl. Kapitel 2.2.4.2). Dem folgend soll hier auch auf der Ebene eines Aneignungsprozesses 2. Ordnung versucht werden, Endpunkte der Aneignung zu identifizieren und dabei die drei zentralen Fragen zu beantworten:

5.1 Lassen sich Aneignungsendpunkte 2. Ordnung im Sinne von Clustern des Nutzungsaspekts II identifizieren?

5.2 Wie sehen diese aus?

5.3 Inwieweit hat sich das Auftreten dieser Cluster im Zeitraum 1996 bis 2006 verändert?

Schließlich stellt neben dem Nutzungsaspekt II die Metakommunikation II, wie oben ausgeführt, einen weiteren wichtigen Gesichtspunkt symbolischer Modelle der Handyaneignung dar. Um die Entwicklung dieses Katalysators des Aneignungsprozesses (vgl. Kapitel 2.2.2.1) gesamthaft betrachten zu können, soll versucht werden auch Metakommunikation II zu klassifizieren:

6.1 Lassen sich Cluster der Metakommunikation II identifizieren?

6.2 Wie sehen diese aus?

6.3 Inwieweit hat sich das Auftreten dieser Cluster im Zeitraum 1996 bis 2006 verändert?

6   Methode

Um den in Kapitel 5 angeführten Forschungsfragen nachzugehen, wurde zwischen Februar und August 2007 eine quantitative Inhaltsanalyse fiktionaler Fernsehangebote durchgeführt. Dabei ist der Begriff quantitative Inhaltsanalyse nach Früh (1998) folgendermaßen definiert:

> „Die Inhaltsanalyse ist eine empirische Methode zur systematischen, intersubjektiv nachvollziehbaren Beschreibung inhaltlicher und formaler Merkmale von Mitteilungen". (ebd., S. 25)

Damit lässt die quantitative Inhaltsanalyse zwar selbstverständlich keine Aussagen über die Wirkung symbolischer Modelle der Handyaneignung auf den Aneignungsprozess 1.Ordnung, d.h. die reale Handyaneignung durch den Nutzer, zu. Eine Identifikation und Beschreibung der in den Massenmedien dargestellten symbolischen Modelle der Handyaneignung ist damit jedoch sehr gut möglich. Die so gewonnenen Erkenntnisse können dann zukünftiger Forschung als Grundlage für Wirkungsanalysen dienen.

> „Clearly, content analysis alone cannot lead us to the establishment of a cause-effect relationship with audience behavior. It can, however, provide important insight into the nature and range of the models and strategies that are available to the viewing audience." (Skill & Wallace 1990, S. 245)

6.1   Auswahl des Untersuchungsmaterials

6.1.1   Auswahl der Fernsehserien und Episoden

Die vorliegende Arbeit will die Entwicklung von symbolischen Modellen der Handyaneignung in Familienserien und wöchentlichen Soaps untersuchen, die im Zeitraum 1996-2006 im deutschen Fernsehen ausgestrahlt wurden (vgl. Kapitel 5).

Da die Handlung von in Wiederholung ausgestrahlten Familienserien und Soaps naturgemäß in der Vergangenheit spielt, im Kontext von Mobilkommunikation als innovativem Kommunikationsdienst aber nur symbolische Modelle von Interesse sind, die zum Ausstrahlungszeitpunkt zeitgemäße Verhaltensweisen widerspiegeln, werden dabei ausschließlich Serien/Episoden mit Erstausstrahlungstermin zwischen 1999 und 2006 im deutschen Fernsehen betrachtet.

Nur solche zum Sendetermin weitgehend aktuelle Inhalte können symbolische Modelle der Mobilkommunikation liefern.

Als Basis für die Identifikation solcher Serien diente die deutschsprachige Filmdatenbank[21] von Mediabiz („Mediabiz Filmdatenbank" o.J.). Aus dieser wurde zunächst eine Liste aller zwischen 1996 und 2006 im deutschen Fernsehen erstmalig ausgestrahlten TV-Serien extrahiert. Da die Zuordnung von Fernsehserien zu den beiden für diese Untersuchung relevanten Genres oftmals problematisch ist (vgl. Kapitel 4.3), wurde nach dem Ausschlussverfahren vorgegangen. In einem ersten Schritt wurden nacheinander sämtliche täglich ausgestrahlten fiktionalen Fernsehserien aus dieser Liste ausgeschlossen und anschließend alle diejenigen noch verbliebenen Serientitel, die den Genres Science Fiction, Zeichentrick/Trickfilm/Puppenfilm, Krimi/Thriller, Kinder, Fantasy/Horror, Western, Anwaltserien/Polizei oder Krankenhaus/Arzt/Rettung zugeordnet sind.

Um tatsächlich von sich wiederholenden Modellen ausgehen zu können (vgl. Kapitel 4.3), wurde in einem weiteren Schritt als Auswahlkriterium angelegt, dass von in Frage kommenden Serien im Untersuchungszeitraum 80 oder mehr Episoden ausgestrahlt worden sein mussten. Nach dieser Filterung ergab sich die folgende Liste mit 13 für den Untersuchungsgegenstand relevanten Serien:

- Die Fallers - Eine Schwarzwaldfamilie (Deutschland)
- Forsthaus Falkenau (Deutschland)
- GIRL friends (Deutschland)
- Lindenstraße (Deutschland)
- Samt und Seide (Deutschland)
- Schlosshotel Orth (Deutschland/ Österreich)
- Unser Charly (Deutschland)
- Dawson's Creek (USA)
- Gilmore Girls (USA)
- O.C. California (USA)
- Sex and the City (USA)
- Queer as Folk (Kanada)
- McLeods Töchter (Australien)

---

21 Der Name ‚Filmdatenbank' ist irreführend. In dieser Datenbank verzeichnet Mediabiz nicht nur Spielfilme, sondern auch TV-Serien. Mit 102.057 enthaltenen Titeln (Stand 07.12.2007) ist diese Datenbank eigenen Angaben zufolge die umfassendste derartige Datenbank im deutschen Sprachraum.

Dabei machen deutsche und US-amerikanische (Ko-)Produktionen mit vier bzw. sieben Titeln eindeutig den Großteil aus. Da im Zentrum von Familienserien per se das alltägliche Leben der Protagonisten steht (vgl. Kapitel 4.3), ergeben sich für den Zuschauer hinsichtlich deutscher und US-amerikanischer Serien zwar zwangsläufig kulturelle Unterschiede[22]. Da der Kernpunkt der vorliegenden Untersuchung jedoch die Frage nach fiktionalen, symbolischen Modellen der Handyaneignung ist, die der deutsche Rezipient mit dem lokalen Fernsehprogramm erhält, erscheinen beide Gruppen gleichermaßen relevant[23]. Sie sollen den Rahmen für die konkrete Auswahl der Serien darstellen. Diese Auswahl begründet sich wie folgt:

Stellvertretend für die Gruppe der deutschen Produktionen wird die *Lindenstraße* ausgewählt. Sie ist seit dem Erstausstrahlungstermin am 08.12.1985 kontinuierlicher Bestandteil des deutschen Fernsehprogramms, wird dort konstant im wöchentlichen Rhythmus ausgestrahlt (vgl. Bleicher 1995), und liefert damit für den gesamten Untersuchungszeitraum von 1996 bis 2005[24] Daten aus 512 Episoden. Zudem gilt die Lindenstraße als Idealtypus der im deutschen Alltagsmilieu angesiedelten Fernsehserie (vgl. u.a. Bleicher 1995).

Bei den US-Serien gestaltet sich die Auswahl schwieriger. Keine der vier in Frage kommenden Produktionen war über den gesamten Zeitraum hinweg Bestandteil des deutschen Fernsehprogramms. Daher wurde die Entscheidung getroffen, alle vier Serien in die Untersuchung zu integrieren, um auch für die aus den US-Serien stammenden symbolischen Modelle ein aussagekräftiges Bild zeichnen zu können. Dieses Material beläuft sich auf 413 Episoden.

Abbildung 16: Deutsche Erstausstrahlungszeiträume der untersuchten Episoden

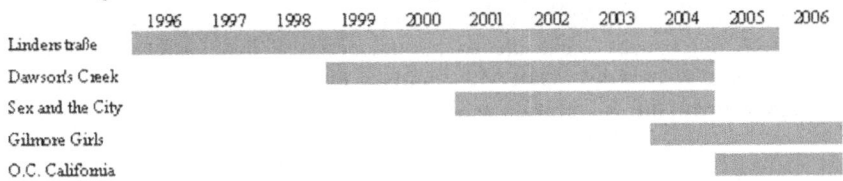

Diese Auswahl stellt somit keine Stichprobe, sondern eine bewusste Auswahl eines typischen Falls für die deutschen Produktionen sowie aller US-Produktionen dar. Eine Übertragung der Ergebnisse dieser Untersuchung auf die Gesamt-

---

22 Derartige kulturelle Unterschiede zwischen Fernsehserien, auch innerhalb Europas, wurden bereits mehrfach untersucht und sind empirisch gut belegt (vgl. u.a. Frey-Vor 1996, Liebes & Livingstone 1998, O'Donnell 1999).

23 Zu den für die vorliegende Arbeit relevanten, grundlegenden Unterschieden in der Handynutzung zwischen Deutschland und den USA vgl. Kapitel 6.2.

24 Zur Einschränkung des Untersuchungszeitraums der Lindenstraße siehe Kapitel 6.1.2.

heit dieses Genres ist somit nicht möglich. Jedoch erscheint eine derartige bewusste Auswahl sinnvoll, um einen ersten Einblick in symbolische Modelle der Handyaneignung zu erhalten.

6.1.2   Identifikation relevanter Passagen

Das Untersuchungsmaterial wurde weiterhin dahingehend eingeschränkt, dass nicht die vollständigen Folgen der Serien untersucht wurden, sondern nur alle darin enthaltenen handyrelevanten Passagen: Untersucht werden alle Passagen, in welchen (1) ein Mobiltelefon zu sehen oder hören ist und/oder (2) sich das Gespräch um einen Aspekt von Mobilkommunikation dreht. Schlüsselbegriffe hierfür sind „Handy", „SMS", „Mobiltelefon", „Mailbox". „AB" bzw. „Anrufbeantworter" gilt nur dann als Schlüsselbegriff, wenn gleichzeitig ein Mobiltelefon sichtbar ist, auf welches Bezug genommen wird.

Um diese identifizieren zu können, wurden zunächst alle zwischen 1996 und 2006 erstmals in Deutschland ausgestrahlten 413 Episoden der vier US-Serien vollständig angesehen. Das Material lag hierbei jeweils in Form handelsüblicher DVD-Editionen vor. Die teilweise verfügbaren zusätzlichen Szenen der DVD-Edition (Bonusmaterial) wurden bei der Codierung übergangen.

Für die Lindenstraße musste eine andere Vorgehensweise gewählt werden. Da das Material nicht auf DVD im Handel erhältlich und damit nicht jedermann in seiner Gesamtheit jederzeit zugänglich ist, galt es, die relevanten Passagen in einem zweistufigen Verfahren zu identifizieren. In einem ersten Schritt wurden dabei zunächst die Skripte der 521 Lindenstraßen-Folgen aus dem Zeitraum 1996 bis 2005[25] mittels Volltextsuche nach den Schlagworten ‚Handy' und ‚Mobiltelefon' durchsucht[26], ehe die so gefundenen 118 handyrelevanten Folgen (vgl. Anhang B) über den WDR-Mitschnittservice bezogen[27] und vollständig angesehen wurden, um die relevanten Szenen ausmachen zu können.

---

25 Aufgrund dieses zweistufigen Vorgehens, das einen längeren Vorlauf erforderte, musste der Untersuchungszeitraum bei der Lindenstraße auf die Jahre 1996 bis 2005 beschränkt werden.
26 Die Autorin dankt Iris Homann von der Geißendörfer Film- und Fernsehproduktion GmbH herzlich für ihre Unterstützung bei der Identifizierung der relevanten Lindenstraßen-Folgen.
27 Die Autorin dankt Marina Kranold vom WDR-Mitschnittserive herzlich für ihre Unterstützung bei der Beschaffung der Sendemitschnitte der Lindenstraßen-Folgen.

6.2   Exkurs: Unterschiede in der Handynutzung zwischen Deutschland und den USA

Ebenso wie in Deutschland erfuhr auch der Markt für Mobilkommunikation in den USA in den letzten 10 bis 15 Jahren eine enorme Entwicklung. Jedoch bleibt diese etwas hinter der deutschen zurück. Die Mobilfunkpenetration in den USA lag im Juni 2007 bei 81% (vgl. CTIA 2007), in Deutschland lag dieser Wert zum gleichen Zeitpunkt bei 113% (vgl. Abbildung 1).

Der Grund für die vergleichsweise geringere Penetration in den USA ist neben einer grundsätzlich heterogenen Netzstruktur[28] vor allem in einem zweiten US-Spezifikum zu suchen: In den USA zahlt der Nutzer, anders als in Europa, auch für eingehende Anrufe. Dies macht Mobilkommunikation zu einem relativ teuren Dienst, der eben aus diesem Grund lange Zeit hauptsächlich für berufliche Zwecke genutzt wurde (vgl. Agar 2003).

Ein weiterer Unterschied ist die im Vergleich zu Deutschland spätere Verbreitung des Short-Message-Service in den USA. 2005 wurden in Deutschland bereits 22,3 Mrd. SMS verschickt (vgl. Bundesnetzagentur 2008, S. 84), in den USA waren es, einer um etwa 260% größeren Bevölkerung zum Trotz[29], zum selben Zeitpunkt erst 57,2 Mrd. (vgl. CTIA 2007). Während die Nutzung des SMS-Dienstes in Deutschland seitdem stagniert (Zuwachs 2007 vs. 2005 kleiner 1%, vgl. Bundesnetzagentur 2007), ist für die USA nach 2005 ein rasanter Anstieg auszumachen: 2007 wurden in den USA bereits 240,8 Mrd. SMS versand, was verglichen mit 2005 einem Zuwachs von ca. 320% entspricht (vgl. CTIA 2007).

6.3   Codebuch

6.3.1   Analyseeinheit

Um im Sinne der Forschungsfragen (vgl. Kapitel 5) symbolische Modelle der Handyaneignung identifizieren und ihre Veränderungen im Zeitverlauf beschreiben zu können, ist eine möglichst detaillierte Untersuchung der in den Fernsehserien gezeigten handybezogenen Verhaltensweisen nötig. Um dabei

---

28 Aufgrund der historischen Entwicklung der Mobilfunknetze in den USA (vgl. u.a. Agar 2003) ist dort eine Vielzahl von Mobilfunknetzen teilweise sehr unterschiedlicher Betreiber zu finden – mit aus europäischer Perspektive recht ungewohnten Konsequenzen: Die Nutzung des eigenen Gerätes an einem anderen Ort in den USA als dem eigenen Heimatort macht oftmals Roaming, also das Einbuchen ein anderes Mobilfunknetz, erforderlich (vgl. Agar 2003, CTIA, o.J.).

29 2006 betrug die US-Bevökerung 299,40 Mio (vgl. U.S. Census Bureau 2006), die deutsche 82,31 Mio (vgl. Statistisches Bundesamt o.J.).

aber auch die motivationalen Aspekte der symbolischen Modelle im Sinne der sozialkognitiven Lerntheorie erfassen zu können (vgl. Kapitel 4.2.2.4), muss immer die gesamte Situation betrachtet werden. Die Codiereinheit wurde somit folgendermaßen definiert (vgl. Anhang A):

Eine Szene stellt eine Codiereinheit dar. Der Übergang von einer Szene zur nächsten ist entweder gekennzeichnet durch einen Wechsel in der Akteurskonstellation bei gleichzeitigem Themenwechsel oder einen Themenwechsel bei gleichbleibender Akteurskonstellation, wobei das neue Thema länger als 30 Sekunden konsekutiv behandelt wird. Kurze Einschübe im Gespräch, die sich einem anderen Thema widmen (z.B. „Wie spät ist es?") gelten dabei nicht als Ende der Szene, solange dieser Einschub kürzer als 30 Sekunden dauert.

Als Akteur einer Szene gilt jede Person, die in dieser Szene zu Wort kommt oder das Geschehen handlungsrelevant nonverbal kommentiert. Die Akteure einer Szene müssen sich nicht zwingend physisch am selben Ort befinden, sie können auch nur über ein beliebiges Medium miteinander in Verbindung stehen, z.B. via (Mobil-)Telefon, Internetchat etc.

Springt das Geschehen von einem Handlungsstrang zu einem parallel ablaufenden anderen Handlungsstrang und kehrt dann wieder zurück, so gilt dies nicht als Ende der Szene, sondern die beiden Fragmente werden im oben genannten Sinne als eine Szene codiert.

6.3.2   Codierungsebenen

Auf einer ersten Ebene (*Block A – Allgemeine Variablen*) der Codierung werden allgemeine, die Szene charakterisierende Merkmale erfasst. Darunter werden die einzelnen in der Szene beobachtbaren symbolischen Modelle auf vier verschiedene Arten, ja nach Auftreten des Mobiltelefons, operationalisiert (*Block B bis E*). In jeder Szene können – wenn nötig – alle vier Unterarten gleichzeitig codiert werden – und pro Unterart pro Szene bis zu vier symbolische Modelle parallel.

Die Blöcke B bis D beziehen sich auf das Verhalten. *Block B – Akteurs-Nutzung* erfasst die Eigenschaften einer Handynutzung durch einen Akteur. In *Block C – Existenz* werden Merkmale der reinen sicht- oder hörbaren Existenz von Mobiltelefonen codiert, die in der jeweiligen Szene jedoch nicht genutzt werden. *Block D – Hintergrund-Nutzung* erfasst schließlich die Handynutzung durch Nicht-Akteure im oben genannten Sinn, also zumeist Statisten im Hintergrund. Aspekte der Metakommunikation II, d.h. der Kommunikation fiktionaler

Akteure über Aspekte der Mobilkommunikation, bleiben in den Blöcken B bis D unbeachtet. Diese sind Gegenstand von *Block E – Metakommunikation II*. Dabei werden alle handyrelevanten Äußerungen eines Akteurs in der betreffenden Szene zusammengefasst als eine Aussage betrachtet.

6.3.3   Kategorien

6.3.3.1   Block A – Allgemeine Variablen

In diesem Block werden allgemeine, die Szene charakterisierende Variablen erhoben (vgl. Anhang A). Dies sind zunächst Serientitel, Staffelnummer und Episodennummer. Weiterhin werden Beginn und Ende der Szene im Format mm:ss erfasst. Wie in Kapitel 6.3.1 beschrieben, ist es theoretisch möglich, dass eine Szene durch Sprünge zu einem anderen parallel ablaufenden Handlungsstrang unterbrochen wird. Daher wird auch die Anzahl solcher Sprünge codiert. Zur weiteren Beschreibung der Szene werden Ort und Tageszeit erfasst. Weiterhin dienen auf Block-A-Ebene die folgenden vier Variablen als Filter für die entsprechenden Unterebenen B bis E:

-    Nutzung einer Funktionalität des Mobiltelefons (Akteursnutzung):
-    Mobiltelefon ohne Nutzung sichtbar (Existenz):
-    Mobilkommunikation im Hintergrund (Hintergrundnutzung):
-    Metakommunikation II

6.3.3.2   Block B – Akteursnutzung

Hier wird zunächst der *handelnde Akteur* anhand einer Akteursliste vermerkt (vgl. Anhang A). Diese Akteursliste umfasst alle Charaktere, die mindestens zehnmal in den US-Serien auftraten (vgl. „Full cast and crew for ‚Dawson's Creek'" o. J., „Full cast and crew for ‚Gilmore Girls'" o. J., „Full cast and crew for ‚Sex and the City'" o. J., „Full cast and crew for ‚The O.C.'" o. J.) sowie all diejenigen, die zwischen 1996 und 2005 in der Lindenstraße zu sehen waren[30] (vgl. „Ahnengalerie: Die Aussteiger" o. J., „Ahnengalerie: Die Toten" o. J., „Die ‚Lindensträßler'" o. J.).

---

30   Eine Beschränkung der Akteursliste auf diejenigen Akteure die, analog zu den US-Serien, mindestens zehnmal im Untersuchungszeitraum in der Lindenstraße zu sehen sind, ist nicht möglich, da entsprechende Informationen nicht zugänglich sind.

Des Weiteren werden im Rahmen von Block B die Aspekte des MPA II erhoben. Dabei orientieren sich deren Unterdimensionen an den entsprechenden – auf Aneignungsprozesse 2. Ordnung bezogenen – Dimensionen des MPA-Modells bzw. der MPA-Skala (vgl. Kapitel 2.2.3 und 2.2.4.1). Pro Aspekt können alle Unterdimensionen parallel codiert werden[31].

Der *objektorientierte Nutzungsaspekt II* wird innerhalb von Block B anhand folgender Dimensionen erfasst (vgl. Anhang A):

- Nutzungsmodus (Ankommender Anruf, Abgehender Anruf, Unklares Telefonat, Irrtümliche Reaktion, Ankommende Textnachricht, Abgehende Textnachricht, Sonstige Handyfunktionen)
- Handyschmuck (Chin-chin[32], Logo, Handyflasher, Farbe des Mobiltelefons)
- Klingelton (Auftreten, Art des Klingeltons)
- Handling

Für den *funktionalen Nutzungsaspekt II* werden folgende Dimensionen erhoben (vgl. Anhang A):

- Ablenkung/Zeitvertreib, d.h. Handynutzung verfolgt, abgesehen von dem Anliegen, sich zu amüsieren, kein weiteres offensichtliches Ziel.
- Alltagsorganisation
    - Koordination, d.h. Handynutzung dient der Koordination von Terminen, dem Verwalten von Kontaktadressen etc.
    - Gezielter Informationsaustausch, d.h. Handynutzung erfolgt mit der Absicht, gezielt spezifische Informationen mitzuteilen oder nachzufragen, wobei Koordinationsaspekte (vgl. oben) explizit ausgeklammert sind.
- Kontaktpflege, d.h. Handynutzung findet statt, um den Kontakt mit Freunden bzw. Familienmitgliedern zu pflegen.
- Kontrolle, d.h. Handynutzung zielt darauf ab, sich zu versichern was eine andere Person gerade tut bzw. wo sie gerade ist.

Als *motivationaler Aspekt* der symbolischen Modelle im Sinne der sozialkognitiven Lerntheorie wird zudem der Erfolg der modellierten Verhaltensweisen erfasst. Ein symbolisches Modell gilt dabei als erfolgreich, wenn es sein Ziel im Sinne des funktionalen Nutzungsaspekts II erreicht (vgl. Anhang A).

---

31 Dies gilt sinngemäß auch für die Blöck C, D und E.
32 Schmuckschwänzchen, das am Mobiltelefon selbst, an der Oberschale oder an der Handyhülle befestigt wird.

6.3.3.3   Block C – Existenz

Anhand der Akteursliste (vgl. Kapitel 6.3.3.2) wird hier erfasst, welchem *Akteur* das Mobiltelefon zugeordnet werden kann. Zusätzlich wird der *objektorientierte Nutzungsaspekt II* mit Ausnahme des Nutzungsmodus analog zum Block B codiert.

6.3.3.4   Block D – Hintergrundnutzung

In Block D wird zunächst das *Geschlecht* des Nutzers codiert. Weiterhin wird, wie bereits zuvor in den Blöcken B und C, der *objektorientierte Nutzungsaspekt II* erhoben, jedoch lediglich in Telefonie und sonstige Nutzungsweisen unterschieden (vgl. Anhang A).

6.3.3.5   Block E – Metakommunikation II

In Block E wird zunächst mittels der Akteursliste der *kommentierende* sowie der *kommentierte Akteur* erfasst. Für den kommentierten Akteur wird die Akteursliste dabei um den Punkt ‚nicht zutreffend, keine Kommentierung eines Akteurs' erweitert. Zudem werden in diesem Abschnitt die *Art der Aussage* (verbal, nonverbal, beides) sowie die *momentane Relation zwischen kommentierendem und kommentiertem Akteur* festgehalten (vgl. Anhang A).

Des Weiteren werden in Block E die verschiedenen MPA III-Aspekte der Metakommunikation II erhoben und der *objektorientierte Nutzungsaspekt III* dabei anhand der folgenden Dimensionen (vgl. Anhang A):

- Nutzungsmodus
  - Telefonie
  - Textnachrichten
- Generelle Nutzungshäufigkeit
- Gestaltung
- Klingelton
- Handling

Hierbei werden – im Unterschied zum objektorientierten Nutzungsaspekt II in den Blöcken B bis D – nicht verschiedene Ausprägungen dieser Dimensionen erhoben. Vielmehr wird lediglich dichotom festgehalten, ob diese Dimensionen in der Metakommunikation II angesprochen werden oder nicht.

Der *symbolische Nutzungsaspekt III* wird im Rahmen von Block E zunächst über seine soziale Dimension erhoben. Diese umfasst sämtliche Situationen, in denen thematisiert wird, dass eine Person entweder durch ihr Mobiltelefon bzw. dessen Nutzung ihren sozialen Status beeinflusst oder dass dies generell möglich ist. Darüber hinaus wird der symbolische Nutzungsaspekt III an dieser Stelle auch über seine persönliche Dimension erfasst und damit über die Thematisierung des Umstands dass eine Person ihr Mobiltelefon für ihr Selbstverständnis benötigt bzw. dies generell möglich ist. Zusätzlich zum Auftreten der sozialen bzw. psychologischen Dimension werden jeweils auch ihre Richtung und Stärke codiert (vgl. Anhang A).

Für den *funktionalen Nutzungsaspekt III* werden in Block E – analog zum funktionalen Nutzungsaspekt II im Block B – die Kategorien Ablenkung/Zeitvertreib, Alltagsorganisation, Kontaktpflege, Kontrolle erhoben. Dabei wird im Block E allerdings auf eine Untergliederung der Dimension Alltagsorganisation verzichtet (vgl. Anhang A).

Der *Normenaspekt III* wird im Rahmen von Block E anhand der folgenden Kategorien erfasst (vgl. Anhang A):

- Diskussion von Normen, d. h. es werden Pro und Contra von Normen hinsichtlich der Mobiltelefonnutzung thematisiert.
- Hinweis auf Normverletzung bzw. -beachtung, d.h. es wird auf die Verletzung oder Beachtung einer Norm durch den Handygebrauch hingewiesen.
- Tolerierung einer Normverletzung, d. h. obwohl auf eine Normverletzung hingewiesen wird, erfolgen keine Maßnahmen um diese zu unterbinden.

Der *Restriktionsaspekt III* wird immer dann erhoben, wenn das Vorhandenbzw. Nicht-Vorhandensein von finanziellen, technischen, zeitlichen und kognitiven Restriktionen thematisiert wird (vgl. Anhang A).

Abgesehen von diesen MPA III-Aspekten der Metakommunikation II wird in Block E schließlich der *motivationale Aspekt* der symbolischen Modelle anhand der verbalen bzw. nonverbalen Verstärkung der Modelle, also *Lob bzw. Tadel*, erhoben (vgl. Anhang A).

6.4   Durchführung und Reliabilitätstest

Die Inhaltsanalyse wurde zwischen Februar und Juli 2007 durchgeführt. Die Codiererinnen wurden zunächst anhand des Materials geschult und codierten pro Serie jeweils eine Beispielfolge. Diese Codierung wurde im Rahmen einer zweiten Codiererschulung diskutiert. Parallel zur Codierung trafen sich die drei Co-

diererinnen wöchentlich, um sich zu Problemfällen in der Codierung aus-
zutauschen. Im Zuge dieser wöchentlichen Treffen wurde das Codebuch um den
ursprünglich nicht angelegten Nutzungsmodus Unklares Telefonat erweitert.[33]
Für den Reliabilitätstest codierte jede Codiererin zwei Episoden pro Serie.
Diese Episoden wurden bewusst ausgewählt, um sicher zu stellen, dass sie genü-
gend handyrelevante Szenen enthalten. Es wurde für jedes Codiererpaar Holstis
R errechnet und über alle Codiererinnen gemittelt. Ingesamt ergab sich über alle
Variablen hinweg eine zufriedenstellende Reliabilität von 0,96. Einen Überblick
über die Reliabilitätswerte der einzelnen Variablen gibt Tabelle 1.

Tabelle 1: Interkoderreliabilität

	Holstis R
Objektorientierter Nutzungsaspekt II	
Ankommender Anruf	0,96
Abgehender Anruf	1,00
Unklares Telefonat	0,96
Irrtümliche Reaktion	1,00
Ankommende Textnachricht	1,00
Abgehende Textnachricht	1,00
Sonstige Handyfunktionen	1,00
Chin-chin	1,00
Logo	1,00
Handyflasher	1,00
Farbe	1,00
Auftreten Klingelton	0,97
Art des Klingeltons	0,97
Handling	0,92
Funktionaler Nutzungsaspekt II	
Ablenkung/ Zeitvertreib	1,00
Koordination	0,92
Gezielter Informationsaustausch	0,83
Kontaktpflege	0,92
Kontrolle	0,83
Metakommunikation II	

33 Die Autorin dankt Carola Westermeier und Nicole Eckiert für die Unterstützung bei der Codierung des Materials.

Art der Aussage	0,88
Nutzungsmodus: Telefonie	1,00
Nutzungsmodus: Textnachrichten	1,00
Generelle Nutzungshäufigkeit	0,93
Gestaltung	0,98
Klingelton	1,00
Handling	0,93
Sozialer Aspekt	1,00
Persönlicher Aspekt	1,00
Ablenkung/ Zeitvertreib	1,00
Alltagsorganisation	1,00
Kontaktpflege	0,95
Kontrolle	0,98
Diskussion von Normen	0,95
Hinweis auf Normverletzung bzw. Beachtung	0,88
Finanzielle Restriktionen	1,00
Kognitive Restriktionen	1,00
Technische Restriktionen	1,00
Zeitliche Restriktionen	1,00
Motivationaler Aspekt	
Erfolg	0,83
Verstärkung/ Bestrafung	0,93

6.5 Aufbereitung der Daten

Im so entstandenen Datensatz bildet jeweils eine handyrelevante Szene einen
Fall. Um jedoch im Sinne der Forschungsfragen (vgl. Kapitel 5) Aussagen zu
den symbolischen Modellen und ihrer Entwicklung im Zeitverlauf machen zu
können, war es zunächst nötig, den Datensatz zu transformieren.

Der Ursprungsdatensatz spiegelte das codierte Geschehen auf Ebene der
einzelnen Szene wider, das pro Fall Informationen zu mehreren symbolischen
Modellen der Handyaneignung enthalten konnte.

Um nun zu einem Datensatz auf Ebene der symbolischen Modelle zu gelangen, wurde erstens aus dem Ursprungsdatensatz ein Datensatz gebildet, bei
dem die in den Abschnitten Akteursnutzung, Existenz und Hintergrundnutzung
(Blöcke B bis D) codierten Verhaltensweisen die Gesamtheit der Fälle darstell-

ten. Dabei wurden die Informationen zur Szene, in der das jeweilige Verhalten auftritt (Variablenblock A, vgl. Kapitel 6.3.3.1), in allen Fällen entsprechend vervielfacht. Zweitens wurde ein weiterer Datensatz erstellt, in dem jede Metakommunikation II einen Fall bildet. Auch hier wurde der Variablenblock A entsprechend vervielfältigt.

Diese beiden Datensätze wurden anhand der Schlüsselvariablen ‚Szenenidentifikationsnummer‘, ‚Akteur der Nutzung‘ und ‚im Rahmen der Metakommunikation II kommentierter Akteur‘ zu einem Arbeitsdatensatz zusammengeführt. Mittels dieser Maßnahme wurde jede Metakommunikation II, wenn vorhanden, den zugehörigen Verhaltensweisen zugeordnet. Ist keine entsprechende Verhaltensweise vorhanden, so bildet die jeweilige Metakommunikation II im Arbeitsdatensatz einen eigenen Fall im Sinne eines verbalen symbolischen Modells der Handyaneignung.

Um in der Analyse Ergebnisse im Zeitverlauf darstellen zu können, wurde in einem ersten Schritt jeder Fall im Arbeitsdatensatz zunächst um das Erstausstrahlungsdatum der entsprechenden Episode im deutschen Fernsehen ergänzt (vgl. „Epguide: Dawson's Creek" 2007, „Epguide: Gilmore Girls" 2007, „Epguide: O.C. California" 2007, „Epguide: Sex and the City" 2007, „Rückblick nach Folge" o. J.), ehe in einem zweiten Schritt das konkrete Datum auf lediglich die Jahreszahl verdichtet wurde.

Zusätzlich wurden den symbolischen Modellen die beiden folgenden Informationen zugeordnet: Geschlecht und Lebensphase des Akteurs[34]. Hierfür wurden jedem einzelnen Akteur der Akteursliste im Anschluss an die Codierung und auf Basis des kompletten gesichteten Materials das Geschlecht sowie in Anlehnung an Havighurst (1972) und Keniston (1974) eine der folgenden Lebensphasen zugeordnet[35]:

- Kind
  Kindheit bezeichnet die vorpubertäre Lebensphase, in welcher das Individuum noch vollständig von Erwachsenen abhängig ist.
- Jugendlicher
  In dieser Lebensphase gilt es, neue und erwachsene Beziehungen zu Gleichaltrigen beiderlei Geschlechts aufzubauen. Weiterhin wird der Mensch in diesem Stadium von seinen Eltern und anderen Erwachsenen emotional unabhängig und eine eigene ökonomische Karriere wird

---

34 Diese beiden Faktoren sind im Sinne der sozial-kognitiven Lerntheorie relevant für das Wirkpotential symbolischer Modelle der Handyaneignung. Da symbolische Modelle umso eher nachgeahmt werden, umso änlicher der fiktionale Akteur dem Rezipienten ist (vgl. Kapitel 3.3).
35 Die Residualkategorie ‚Sonstige Akteure‘ wurde keiner Klasse zugeordnet.

vorbereitet. Diese Lebensphase endet nicht zwingend mit der Volljährigkeit sondern dauert aufgrund langer Ausbildungszeiten oftmals länger an.
- Erwachsener
  Als Erwachsener sucht sich der Mensch im Allgemeinen einen Partner, lernt mit diesem zusammenzuleben und gründet eventuell eine Familie. Damit verbunden ist die Notwendigkeit, einen eigenen Haushalt zu gründen. Gleichzeitig gilt es sich in das Erwerbsleben einzugliedern.
- Älterer Erwachsener
  In dieser Lebensphase muss die Ablösung eigener Kinder, welche teilweise noch unterstützt werden, verarbeitet werden und es gilt sich neue Freizeitaktivitäten zu erschließen. Darüber hinaus müssen auch die physischen Veränderungen, die das Altern mit sich bringt, akzeptiert werden und der Mensch muss sich ihnen anpassen.

6.6   Latent Class Analysis (LCA)

Um im Sinne der Forschungsfragen (vgl. Kapitel 5) zusätzlich zur eher kleinteiligen Betrachtung der verschiedenen Aspekte der symbolischen Modelle der Handyaneignung zu einem umfassenderen Bild zu gelangen, werden die symbolischen Modelle im Rahmen der Analyse empirisch zu Gruppen zusammengefasst. Diese Klassifizierung erfolgte mittels der Analyse latenter Klassen (bzw. Latent Class Analysis LCA). Dieses Verfahren hat hinsichtlich des Vorhabens der vorliegenden Arbeit gegenüber der klassischen Clusteranalyse entscheidende Vorteile, wie im Folgenden gezeigt werden soll.

Die LCA ist ein Klassifizierungsverfahren, das auf die Arbeiten von Lazarsfeld (1950) zurückgeht. Ebenso wie die klassische Clusteranalyse ist es auch hier das Ziel, eine a priori in Ausgestaltung und Zahl unbekannte Menge von Gruppen in einer Stichprobe zu identifizieren. Grundidee der LCA ist es dabei, die Gruppierungsvariablen, d.h. diejenigen Variablen, anhand derer die Stichprobe in Gruppen eingeteilt werden soll, als Indikatoren einer zugrundeliegenden, nicht beobachtbaren (latenten) Variable zu verstehen. Die einzelnen Ausprägungen dieser zugrundeliegenden latenten Variablen – die latenten Klassen – charakterisieren dabei die verschiedenen Gruppen innerhalb der Stichprobe. Diese Indikatoren werden weder als vollkommen reliabel, noch als vollkommen valide begriffen, d.h. es lässt sich auf Basis der Zugehörigkeit zu einer latenten Klasse nicht deterministisch auf spezifische Ausprägungen der Gruppierungsvariablen schließen, sondern vielmehr eine probabilistische Aussage über die Wahrscheinlichkeiten spezifischer Ausprägungen der Gruppierungsvariablen treffen. Die einzelne latente Klasse ist also durch spezifische Wahrscheinlichkeiten bestimmter Antwortmuster der Gruppierungsvariablen charakterisiert. (vgl. Andreß, Hagenaars & Kühnel 1997, Eid, Langheine & Diener 2003, Vermunt & Magidson 2002).

Dabei geht die LCA von einer lokalen stochastischen Unabhängigkeit der latenten Klassen aus, d.h. der Zusammenhang zwischen den Gruppierungsvariablen besteht allein aufgrund der latenten Klassen. Am Beispiel eines Tests der mathematischen Fähigkeiten einer Person lässt sich die lokale stochastische Unabhängigkeit folgendermaßen erläutern: Um die mathematischen Fähigkeiten einer Person einschätzen zu können, soll diese Rechenaufgaben lösen. Die Wahrscheinlichkeiten der Lösung der verschiedenen Aufgaben ist dabei nicht unabhängig von einander. Personen mit hohen mathematischen Fähigkeiten werden vermutlich alle oder fast alle Aufgaben lösen, Personen mit niedrigen mathematischen Fähigkeiten dagegen keine oder nur wenige Aufgaben. Teilt man die Personen nun jedoch in Gruppen von Menschen mit ähnlichen mathematischen Fähigkeiten ein, so sind die Wahrscheinlichkeiten der Lösung der einzelnen Aufgaben innerhalb dieser Gruppen voneinander unabhängig (vgl. Schnell, Hill, Esser 2004 S. 132ff., Andreß et al. 1997).

Zusammenfassend lässt sich festhalten: Die LCA stellt ein auf Basis der Maximum-Likelihood-Schätzer optimiertes, probabilistisches Modell des Zusammenhangs zwischen den beobachteten Gruppierungsvariablen (Indikatoren) und einer (nicht beobachtbaren) latenten Variablen auf[36]. Dabei werden keine Anforderungen an das Skalenniveau der Indikatoren gestellt.

Ein derartiges modellbasiertes Vorgehen erlaubt es, die Güte der Modellanpassung auf Basis der χ^2-Statistik zu beurteilen, d.h. es kann überprüft werden, ob das aufgestellte Modell nicht signifikant von den beobachteten Daten abweicht. Dabei stehen üblicherweise die folgenden drei Testgrößen im Fokus: Pearsons χ^2, Likelihood-Ratio und Cressie-Read (vgl. Eid et al. 2003). Treten einzelne Ausprägungen der Gruppierungsvariablen nur selten auf, wird jedoch die Grundannahme der χ^2-Statistik einer gegen unendlich gehenden Stichprobengröße verletzt und es empfiehlt sich, Pearsons χ^2 anhand eines weiteren Verfahrens zu überprüfen: dem Bootstrapping. Bootstrapping bezeichnet die Möglichkeit, die nicht bekannte Referenzverteilung einer Statistik auf Basis der beobachteten Daten zu simulieren (vgl. u.a. Efron 1979, Efron & Tibshirani 1993, Langheine, Pannekoek & van de Pol 1996, McLachlan, Peel, Basford & Adams 1999).

Üblicherweise finden sich auf diesem Wege mehrere mögliche Modelle bzw. mehrere mögliche Klassenzahlen. Je mehr Klassen, umso mehr Zusammenhänge lassen sich durch das Modell erklären, gleichzeitig steigt dadurch

---

36 Zum genauen Vorgehen der LCA vgl. u.a. Andreß et al. 1997, Eid et al. 2003, Vermunt & Magidson 2002, Hagenaars & Halman 1989

aber auch die Anzahl der zu schätzenden Parameter. Ideal ist daher diejenige Klassenlösung, deren zugrunde liegendes Modell bei optimaler Modellanpassung am sparsamsten ist, d.h. die wenigsten zu schätzenden Parameter enthält. Diese Sparsamkeit wird mittels des Bayesian Information Criterion (BIC) ausgedrückt: Je niedriger dieser Wert, umso sparsamer ist das Modell (vgl. Eid et al. 2003, Vermunt & Magidson 2002).

Folglich hat die Klassifizierung auf Basis der LCA im Vergleich zur klassischen Clusteranalyse für das vorliegende Forschungsvorhaben die folgenden Vorteile:

1. Die LCA erlaubt eine Klassifizierung anhand von Variablen jedes Skalenniveaus, auch verschiedene Skalenniveaus der Gruppierungsvariablen stellen kein Problem dar. Dies ist insbesondere für inhaltsanalytische Forschung von Bedeutung (vgl. auch Matthes 2007).
2. Im Gegensatz zur klassischen Clusteranalyse, die immer zu einer Klassifizierung führt, lässt sich im Zuge der LCA basierend auf den Maßen der Anpassungsgüte eine Klassifizierung der Daten auch grundsätzlich ablehnen (vgl. u.a. Fraley & Raftery 1998).
3. Die LCA stellt statistische Tests zur Verfügung, um die exakte Klassenzahl zu identifizieren. Sie ist in ihrem Vorgehen damit weniger willkürlich als die klassische Clusteranalyse.
4. Durch ihre probabilistische Konzeption berücksichtigt die LCA, dass die Gruppierungsvariablen als Indikatoren der latenten Klassenvariablen im Allgemeinen fehlerhaft gemessen werden, also weder vollkommen valide noch vollkommen reliabel sind.

7 Ergebnisse –
Das Handy im Spiegel fiktionaler Fernsehserien

7.1 Auftreten symbolischer Modelle der Handyaneignung

Obwohl das untersuchte Material mit 521 Folgen Lindenstraße und 413 US-Serien-Folgen annähernd gleichmäßig auf diese beiden Typen verteilt ist (vgl. Kapitel 6.1.1), findet sich der weitaus größte Teil der insgesamt 1.413 identifizierten symbolischen Modelle der Handyaneignung in den US-Serien. Nur knapp ein Fünftel entfällt auf die Lindenstraße (vgl. Tabelle 2). Damit spielt das Mobiltelefon in den US-Serien mit durchschnittlich 2,8 symbolischen Modellen pro Episode eine deutlich größere Rolle als mit durchschnittlich 0,5 symbolischen Modellen pro Folge in der Lindenstraße.

Tabelle 2: Symbolische Modelle nach Serien

	Häufigkeit (N=1.413)	Symbolische Modelle pro Folge
Lindenstraße	18%	0,5
US-Serien	82%	2,8

Betrachtet man das Auftreten symbolischer Modelle der Handyaneignung in der Lindenstraße und den untersuchten US-Serien im Zeitverlauf, so zeigt sich, dass in den Episoden zu Beginn des Untersuchungszeitraums nahezu keine zu beobachten sind. Erst etwas zeitverzögert zur realen Entwicklung (vgl. Kapitel 1) nimmt die Häufigkeit symbolischer Modelle der Handyaneignung in den Fernsehserien ab 2003 drastisch zu (vgl. Abbildung 17).

Dieser drastische Anstieg ist überwiegend auf die US-Serien zurückzuführen, bei denen sich die Zahl der identifizierten symbolischen Modelle der Handyaneignung zwischen 2002 und 2004 verzehnfacht. Dagegen steigert sich die Anzahl symbolischer Modelle der Handyaneignung in der Lindenstraße im Laufe des Untersuchungszeitraums nur langsam, wobei das Fernsehpublikum nur einen Bruchteil der insgesamt vorgefundenen symbolischen Modelle geliefert bekommt (vgl. Abbildung 18)

Abbildung 17: Anzahl symbolischer Modelle im Zeitverlauf

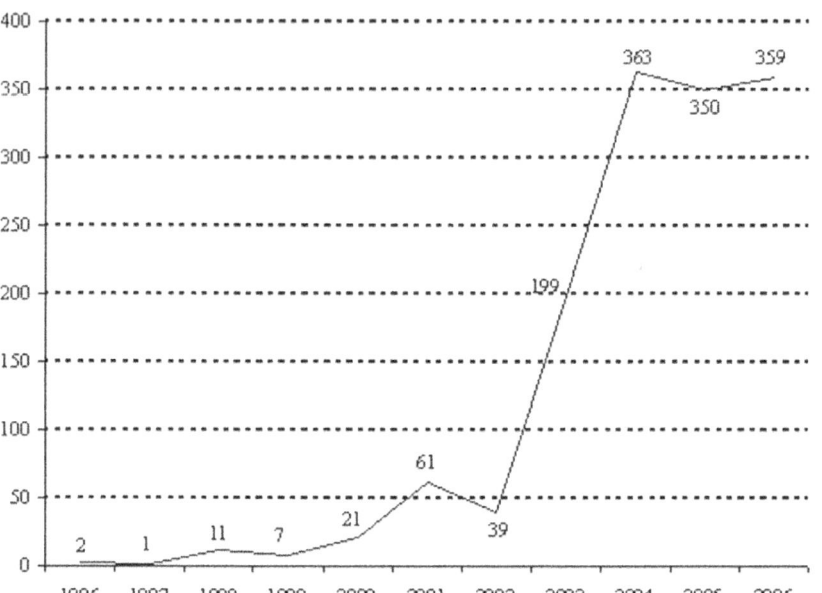

Angesichts der geringen Fallzahlen in den ersten Jahren des Analysezeitraums sollen bei der Untersuchung des Auftretens verschiedener Aspekte der symbolischen Modelle im Zeitverlauf im Folgenden drei unterschiedliche Zeitfenster herangezogen werden: Hinsichtlich des Gesamtbildes über alle ausgewählten Serien hinweg wird der Zeitraum zwischen 2000 und 2005 betrachtet, da die geringen Fallzahlen von 1996 bis 1999 keine sinnvolle Interpretation der Daten zulassen und für 2006 nur Daten zu den US-Serien vorliegen. Bei der gesonderten Analyse der US-Serien wird der Zeitraum auf die Jahre ab 2001 und für die Lindenstraße auf die Jahre ab 2000 beschränkt, da die Fallzahlen in den Jahren davor ebenfalls zu gering sind, um aussagekräftige Ergebnisse zu erhalten.

Auch wenn die Fallzahlen in den einzelnen Jahren dieser drei Betrachtungszeiträume teilweise deutlich unter 100 liegen (vgl. Abbildung 17 und Abbildung 18), sollen die Anteile dennoch immer in Prozent ausgedrückt werden, da nur so Vergleiche möglich sind.

Abbildung 18: Anzahl symbolischer Modelle nach Serientyp im Zeitverlauf

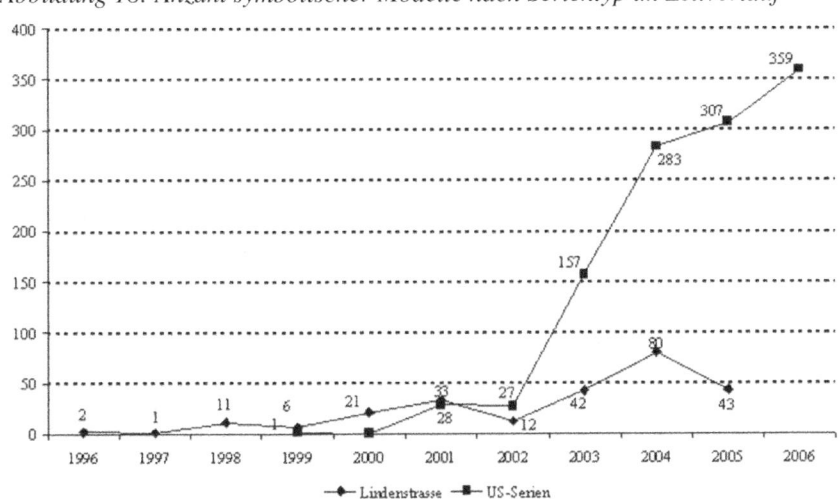

Unberührt von dieser Einschränkung der Zeitfenster bei der Betrachtung der Zeitverläufe, fließen alle Fälle in die Gesamtbetrachtungen sowie in die Klassenbildungen ein.

7.2   Aspekte symbolischer Modelle der Handyaneignung

7.2.1   Auftreten der Aneignungsaspekte II

Wie in Kapitel 4.2.2 dargestellt, lassen sich symbolische Modelle der Handyaneignung anhand verschiedener Aspekte beschreiben. Dabei soll im Folgenden lediglich das Auftreten der folgenden Aneignungsaspekte der symbolischen Modelle betrachtet werden: objektorientierter Nutzungsaspekt II, funktionaler Nutzungsaspekt II und Metakommunikation II. Auf die motivationalen Aspekte der symbolischen Modelle (vgl. Kapitel 4.2.2.4) wird dagegen in diesem Kapitel nicht weiter eingegangen, da sie aufgrund der Struktur des Codebuchs zwingend in jedem symbolischen Modell und damit zu jeder Zeit im Untersuchungszeitraum in jedem Fall auftreten (vgl. Kapitel 6.3.3).

In 76% aller Fälle ist ein Mobiltelefon sicht- und damit automatisch eine objektorientierte Nutzung II durch fiktionale Akteure beobachtbar. Etwas seltener lässt sich mit 60% die anhand des funktionalen Nutzungsaspekts II beschreibbare Nutzung einer konkreten Handy-Funktionalität feststellen. Und am seltensten sind Aussagen der fiktionalen Akteure über das Mobiltelefon vorzu-finden, also Metakommunikation II (vgl. Tabelle 3). Letztgenannte kann ein im Bild sichtbares Handy begleiten, tritt jedoch mehrheitlich in Form rein verbaler Äußerungen auf, wenn fiktionale Akteure nur über Aspekte der Mobilkommuni-kation sprechen, ohne dass entsprechende Verhaltensweisen für den Zuschauer beobachtbar sind.

Somit lassen sich alle theoretisch abgeleiteten Aneignungsaspekte II der symbolischen Modelle der Handyaneignung tatsächlich im untersuchten Materi-al beobachten. Im Sinne des MPA-Modells erscheint dabei insbesondere rele-vant, dass auch Metakommunikation II, als Treiber des Aneignungsprozesses 2. Ordnung, auftritt.

Tabelle 3: Aneignungsaspekte symbolischer Modelle der Handyaneignung

	Häufigkeit (N=1.413)
Objektorientierter Nutzungsaspekt II	76%
Funktionaler Nutzungsaspekt II	60%
Metakommunikation II	39%

Die Häufigkeiten, mit der objektorientierter Nutzungsaspekt II, funktionaler Nutzungsaspekt II und Metakommunikation II auftreten, unterscheiden sich sig-nifikant[37] zwischen den US-Serien und der Lindenstraße: In den US-Serien sind Mobiltelefone anteilsmäßig häufiger sichtbar und werden dort auch in einer grö-ßeren Anzahl der symbolischen Modelle konkret genutzt. Dagegen nimmt Meta-kommunikation II, der in beiden Fällen anteilsmäßig am seltensten beobachtba-re Aneignungsaspekt II, in der Lindenstraße einen deutlich größeren Raum ein (vgl. Tabelle 4).

Der damit nachgewiesene höhere Stellenwert der Gespräche über Aspekte der Mobilkommunikation in der Lindenstraße ist ein Indiz dafür, dass das Publikum hier eher als in den US-Produktionen Aneignungsprozesse II be-obachten kann, durch die es ein Aushandeln von Nutzungsmustern simuliert be-kommt.

---

37 Angesichts der bewussten Auswahl des Untersuchungsmaterials können Signifikanztests in der vorliegenden Arbeit nicht als Maß der Übertragbarkeit der Ergebnisse auf die Grundgesamtheit der Familienserien und wöchentlichen Soaps dienen. Nichtsdestotrotz liefern Signifikanztests wertvolle Hinweise hinsichtlich der Stärke von Zusammenhängen im untersuchten Material und können somit als Orientierungshilfe bei der Interpretation der Ergebnisse dienen.

Tabelle 4: Aneignungsaspekte der symbolischen Modelle nach Serientyp

	Lindenstraße (n=251)	US-Serien (n=1.162)	Pearsons χ^2
Objektorientierter Nutzungsaspekt II	63%	78%	28,1***
Funktionaler Nutzungsaspekt II	52%	62%	8,4**
Metakommunikation II	49%	37%	12,2***

**p<0,01, *** p<0,001

Über alle Serien hinweg steigt der Anteil des objektorientierten Nutzungsaspekts II ab 2000 zunächst – abgesehen von einem Einbruch 2002 – an, und stabilisiert sich ab 2003 auf hohem Niveau. Gleichzeitig ist auch für den funktionalen Nutzungsaspekt II ein kontinuierlicher Aufwärtstrend zu erkennen, so dass sich der Anteil des funktionalen Nutzungsaspekts II kontinuierlich demjenigen des objektorientierten Nutzungsaspekts II annähert. Somit sind im Laufe des Analysezeitraums immer seltener Handys sichtbar, ohne dass sie genutzt werden. Der Anteil der Metakommunikation II geht unter Schwankungen zurück und pendelt sich ab 2003 auf dem verhältnismäßig niedrigsten Niveau der drei Aneignungsaspekte II ein (vgl. Abbildung 19).

Abbildung 19: Aneignungsaspekte der symbolischen Modelle im Zeitverlauf

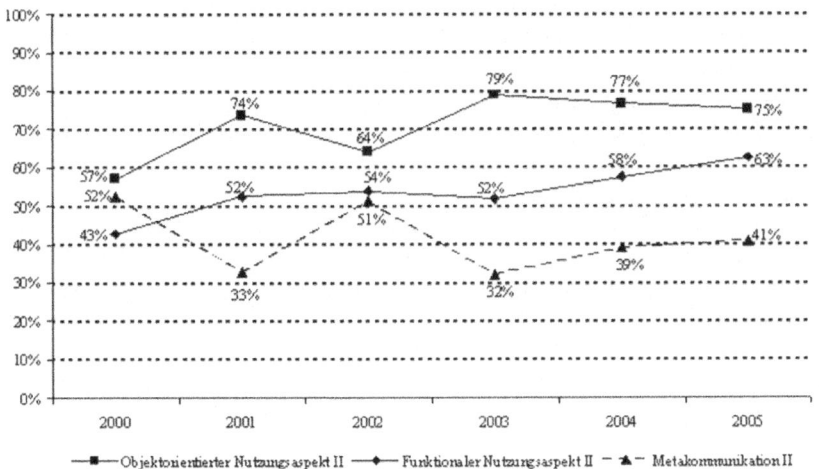

Diese Entwicklungen der drei Aneignungsaspekte II entsprechen den Annahmen von Wirth et al. (2005) zum Verlauf der Aneignung 1. Ordnung: Demzufolge geht die Häufigkeit von Gesprächen über Mobilkommunikation im Laufe der Zeit zurück, während die eigentliche Nutzung der Geräte ansteigt. Dabei verschwindet die Metakommunikation II jedoch nicht vollständig. Vielmehr etabliert sich ein konstantes Verhältnis zwischen der Metakommunikation II und den Nutzungsaspekten II.

Zwischen 2000 und 2002 gehen der objektorientierte sowie der funktionale Nutzungsaspekt II in der Lindenstraße zunächst unter Schwankungen zurück, während der Anteil der Metakommunikation II parallel, ebenfalls von Schwankungen begleitet, ansteigt. Nach 2002 verbuchen dann objektorientierter und funktionaler Nutzungsaspekt II kontinuierlich Zuwächse, während sich der Anteil der Metakommunikation II in dieser Zeit rückläufig darstellt (vgl. Abbildung 20).

Der Aneignungsprozess II gestaltet sich damit im Hinblick auf die isolierte Betrachtung der deutschen Lindenstraße etwas anders als in der Gesamtbetrachtung: Metakommunikation II wird nicht kontinuierlich weniger, sondern steigt vielmehr zunächst bis 2003 an – wobei für 2002 eine auffällig geringe Anzahl von Fällen zu beachten ist – ehe ihr Anteil anschließend drastisch zurückgeht und von Jahr zu Jahr deutlicher hinter die Häufigkeiten, mit denen die Nutzungsaspekte II auftreten, zurückfällt. Zwar widerspricht dies den Annahmen von Wirth et al. (2005) zum Verlauf des Aneignungsprozesses, dennoch erscheint auch ein derartiger Verlauf vor dem Hintergrund der Überlegungen zur Handyaneignung plausibel: Durch das Aufkommen eines innovativen Dienstes entsteht zunächst ein weitgehend regelungsfreier Raum, was sowohl den funktionalen als auch den symbolischen Aspekt der Nutzung angeht (vgl. Kapitel 2.1.2.2). Diesen gilt es zunächst durch Gespräche zu füllen, ehe im Anschluss daran der Anteil der Gespräche über Aspekte der Mobilkommunikation zurückgehen kann (vgl. Kapitel 2.2.3.5).

In den US-Produktionen lässt sich ein wie für die Lindenstraße beschriebener Aneignungsverlauf II nicht beobachten. Ab 2002 geht hier der Anteil des objektorientierten Nutzungsaspekts II unter leichten Schwankungen geringfügig zurück, verbleibt dabei aber durchgehend deutlich führend vor dem funktionalen Nutzungsaspekt II, der im selben Zeitraum merklich an Bedeutung gewinnt, sowie der Metakommunikation II, die zunächst deutlichen Schwankungen unterworfen ist, ehe sie sich ab 2004 jedoch bei ca. 40% konsolidiert (vgl. Abbildung 21).

*Abbildung 20: Aneignungsaspekte der symbolischen Modelle im Zeitverlauf
(Lindenstraße)*

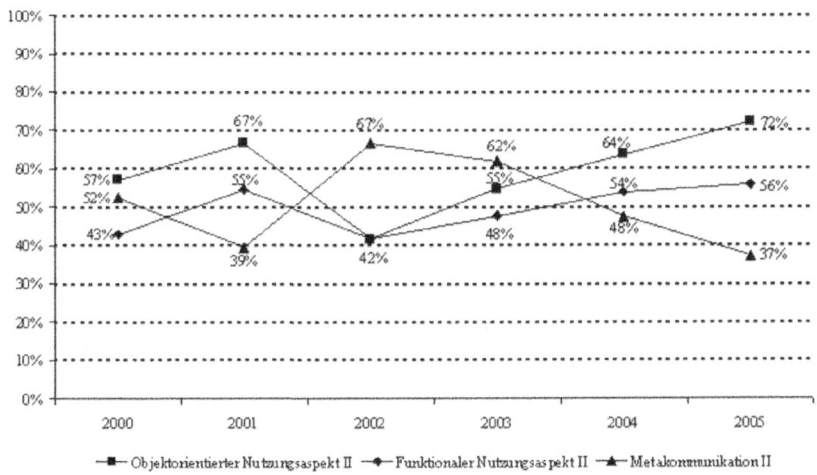

*Abbildung 21: Aneignungsaspekte der symbolischen Modelle im Zeitverlauf
(US-Serien)*

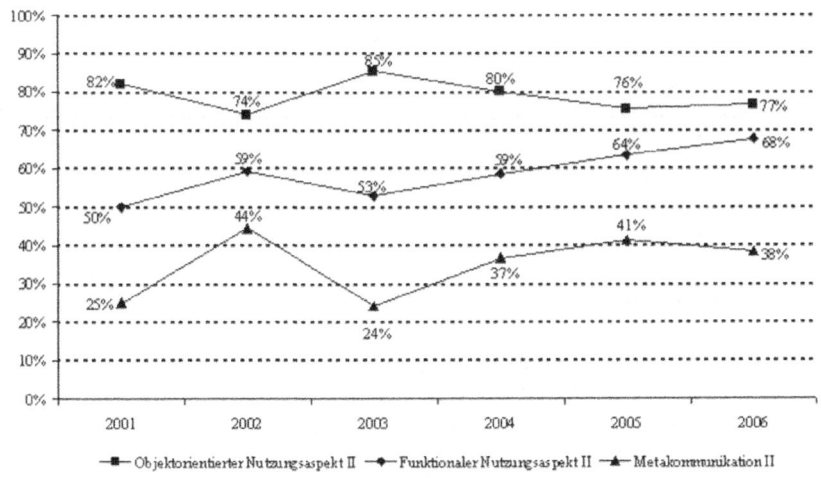

Nachdem einleitend das Auftreten der Aneignungsaspekte II sowohl insgesamt
als auch im Zeitverlauf und dabei jeweils in separater Betrachtung von Linden-

straße und US-Serien sowie gesamt dargestellt wurde, sollen im Folgenden die konkreten Ausgestaltung der verschiedenen Aspekte der symbolischen Modelle der Handyaneignung beschrieben werden.

7.2.2   Objektorientierter Nutzungsaspekt II

7.2.2.1   Klingeltöne

Zunächst fällt auf, dass in etwa einem Drittel aller Fälle, in denen Mobiltelefone sichtbar sind, Anrufe oder Textnachrichten eingehen und dabei durch Töne signalisiert werden. Wenn dies geschieht, dann zumeist mit einem Klingeln. Andere Töne, wie beispielsweise Melodien aktueller Hits, kommen nur äußerst selten vor. In der Lindenstraße bleiben die Mobiltelefone mit einem Anteil von 74% signifikant häufiger stumm als in den US-Serien. Sonstige Töne zur Anrufsignalisierung lassen sich in der Lindenstraße nur zu einem minimalen Anteil und in den US-Serien gar nicht finden (vgl. Tabelle 5).

Tabelle 5: Objektorientierter Nutzungsaspekt II: Klingeltöne

	Lindenstraße (n=157)	US-Serien (n=911)	Gesamt (N=1.067)
Kein Klingelton hörbar	74%	67%	68%
Klingeln	24%	33%	32%
Sonstiger Klingelton[38]	2%	0%	1%

Pearsons χ^2= 10,8**; **p>0,01

Betrachtet man die Episoden der Lindenstraße sowie der US-Serien gesamtheitlich, so nähert sich der Anteil der stummen Handys im Laufe der Zeit demjenigen der klingelnden kontinuierlich an. Sonstige Klingeltöne treten erstmals 2002 auf, ihr Anteil bleibt jedoch auch in den Jahren danach marginal (vgl. Abbildung 22).

Auch bei separater Betrachtung der Lindenstraße gleichen sich in den Jahren 2000 bis 2003 der Anteil der Fälle, in denen das Handy stumm bleibt und derjenigen, in denen ein Anruf durch ein Klingeln signalisiert wird, einander an. Im Gegensatz zur Gesamtbetrachtung aller Serien steigt der Anteil der stummen Handys in der Lindenstraße gegen Ende des Untersuchungszeitraums wieder

---

38 Unter Sonstiger Klingelton werden die Ausprägungen Melodie und sonstiger Klingelton (vgl. Anhang A) zusammengefasst.

deutlich auf 94% an. Sonstige Klingeltöne sind erstmals 2001 zu hören, ihr Anteil bleibt jedoch über den gesamten Untersuchungszeitraum hinweg vernachlässigbar (vgl. Abbildung 23).

Abbildung 22: Klingeltöne im Zeitverlauf

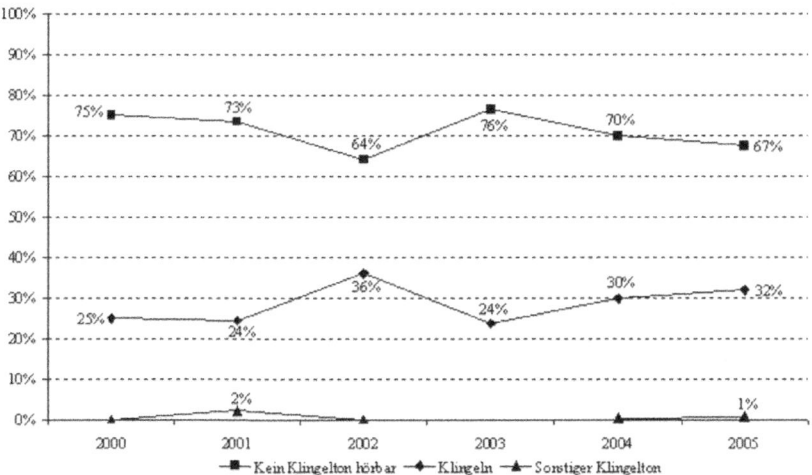

Abbildung 23: Klingeltöne im Zeitverlauf (Lindenstraße)

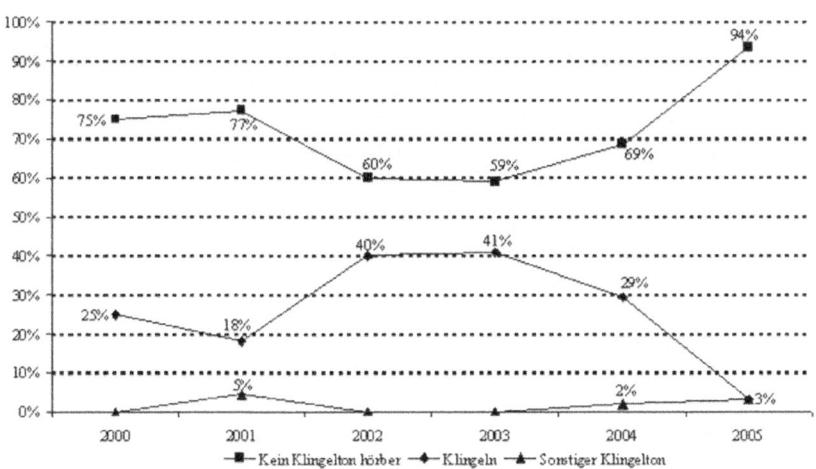

In den US-Serien zeigt sich über den gesamten Untersuchungszeitraum hinweg ein nahezu konstantes Verhältnis zwischen Handys, die keine Töne von sich geben und denjenigen, die Anrufe mit einem Klingeln signalisieren. Die Anteile nähern sich dabei von 2003 bis 2006 kontinuierlich an. Sonstige Klingeltöne sind in den US-Produktionen erstmalig 2006 zu hören, jedoch nur zu einem Anteil von einem Prozent (vgl. Abbildung 24).

Abbildung 24: Klingeltöne im Zeitverlauf (US-Serien)

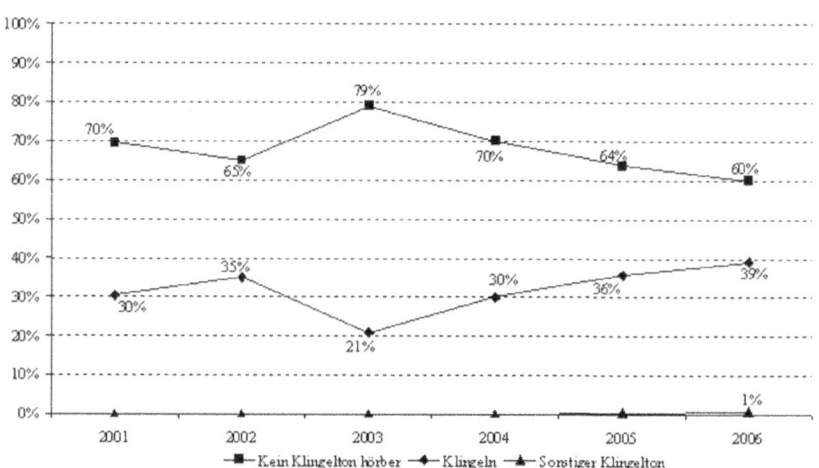

Hinsichtlich der Klingeltöne unterscheiden sich die symbolischen Modelle damit deutlich von der Realität, in der „der kostenpflichtige Klingelton- und Logo-Vertrieb per Internet oder Service-Rufnummer sich seit 1998 als neues Geschäftsfeld etablieren konnte" (Döring 2002, S. 377).

7.2.2.2   Gestaltung des Mobiltelefons

Was die Farbe der Mobiltelefone in den untersuchten Fernsehserien betrifft, so sind die sichtbar präsentierten zu mehr als drei Vierteln grau, schwarz oder silber, also in gedeckten Farben gehalten. Andere, gegebenenfalls auffälligere Handyfarben bekommt der Rezipient nur selten zu sehen, hier unterscheiden sich Lindenstraße und die US-Serien in der Gesamtbetrachtung nicht signifikant (vgl. Tabelle 5). In dieses Bild passt auch die Tatsache, dass Handyschmuck

(Chin-chins, Logos, Handyflasher) sowohl in den US-Serien als auch in der Lindenstraße fast nie zu sehen ist (vgl. Tabelle 6)[39].

Tabelle 6: Objektorientierter Nutzungsaspekt II: Farbe des Mobiltelefons und Handyschmuck

	Lindenstraße (n=157)	US-Serien (n=911)	Gesamt (N=1.067)	Pearsons χ^2
Farbe das Mobiltelefons				
Grau/ silber/ schwarz	89%	85%	86%	2,0
Sonstige Farben	8%	11%	11%	
Handyschmuck vorhanden	1%	0%	0%	0,8

n.s.

Betrachtet man alle in US-Serien und Lindenstraße auftretenden Fälle zusammen, so sind die Mobiltelefone zu Beginn des Untersuchungszeitraums einheitlich in gedeckten Farben gehalten (grau, silber, schwarz). Ab 2001 treten zunehmend auch farbige Mobiltelefone auf. Der Anteil bunter Handys bleibt jedoch jederzeit unter 15% (vgl. Abbildung 25).

Abbildung 25: Handyfarbe im Zeitverlauf

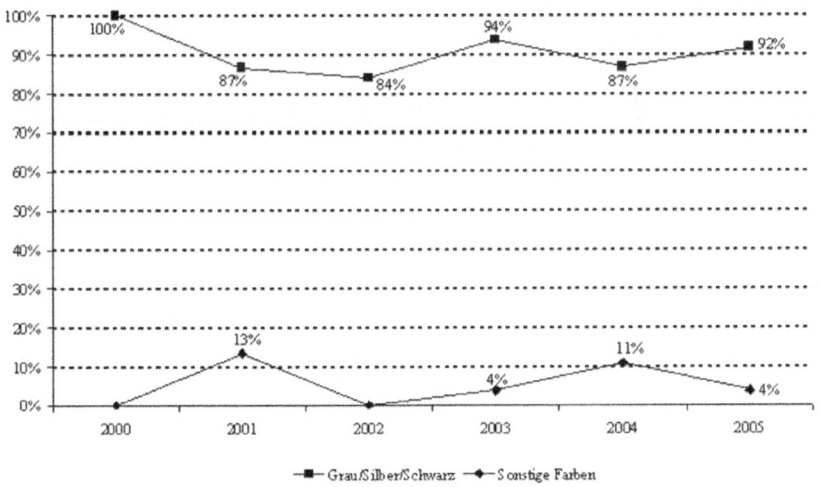

39 Da Handyschmuck in den untersuchten Serien nur äußerst selten auftritt, wird auf eine Betrachtung dieser Dimension des objektorientierten Nutzungsspeks II im Zeitverlauf verzichtet.

Dieses Bild ergibt sich so auch bei isolierter Betrachtung von jeweils Linden-straße und US-Serien: In beiden Fällen wird das Mobiltelefon erst ab 2001 bunt. Im Fall der Lindenstraße pendelt sich der Anteil bei unter 10% ein, in den US-Produktionen steigt der Anteil zum Ende des Untersuchungszeitraums auf 23% an. Damit bleiben farbige Mobiltelefone in beiden Fällen die Ausnahme (ohne Abbildungen).

7.2.2.3   Handling des Mobiltelefons

Hinsichtlich des Handlings des Mobiltelefons werden im Rahmen der vorliegen-den Arbeit grundlegend folgende Kategorien unterschieden: Wird das Gerät vor seiner Nutzung offen und für die anderen fiktionalen Akteure sichtbar getragen, z.B. am Gürtel, so soll dies als *sichtbares Handling* bezeichnet werden[40]. Ist das Gerät vor der Nutzung jedoch an einem Ort verwahrt worden, an dem es für die anderen fiktionalen Akteure nicht sichtbar war, z.B. in einer Jackentasche oder Handtasche, dann handelt es sich im Rahmen dieser Arbeit um *nicht sichtbares Handling*[41]. In den beiden genannten Kategorien ist es von zentraler Bedeutung, dass das Kriterium sichtbar/nicht sichtbar aus der Perspektive der fiktionalen Akteure angelegt wird. Darüber hinaus besteht die Möglichkeit, dass selbst aus Zuschauerperspektive nicht zu erkennen ist, an welchem Ort das Mobiltelefon vor seiner Nutzung verstaut war, da die Szene erst zu einem Zeitpunkt einsetzt, zu dem das Handy bereits genutzt wird. Dies soll schließlich als *Handling nicht erkennbar* bezeichnet werden.

Tabelle 7: Objektorientierter Nutzungsaspekt II: Handling

	Lindenstraße (n=157)	US-Serien (n=911)	Gesamt (N=1.067)
Sichtbares Handling	22%	19%	20%
Nicht sichtbares Handling	33%	27%	28%
Handling nicht erkennbar	38%	49%	47%
Sonstiges	7%	5%	5%

Pearsons $\chi^2=7,2$; n.s.

---

40 Sichtbares Handling fasst die Kategorien ,auf einem Tisch, Kommode, etc.' und ,sichtbar am Körper getragen' (vgl. Anhang A) zusammen.
41 Nicht sichtbares Handling fasst die Kategorien ,unsichtbar am Körper getragen' und ,in einer Tasche, Koffer etc.' (vgl. Anhang A) zusammen.

Lindenstraße und US-Serien unterscheiden sich in der Frage des Handlings nicht signifikant: In beiden Fällen ist das Handling zumeist nicht erkennbar, nicht sichtbares Handling macht jeweils ca. ein Drittel aus und sichtbares Handling nur etwa ein Fünftel (vgl. Tabelle 7).

Insgesamt betrachtet ist das Handling in etwa der Hälfte aller Fälle nicht erkennbar, dieser Anteil ist jedoch leicht rückläufig. Ist das Handling erkennbar, so handelt es sich zunehmend häufiger um nicht sichtbares Handling wohingegen der Anteil des sichtbaren Handlings rückläufig ist (vgl. Abbildung 26).

Abbildung 26: Handling im Zeitverlauf

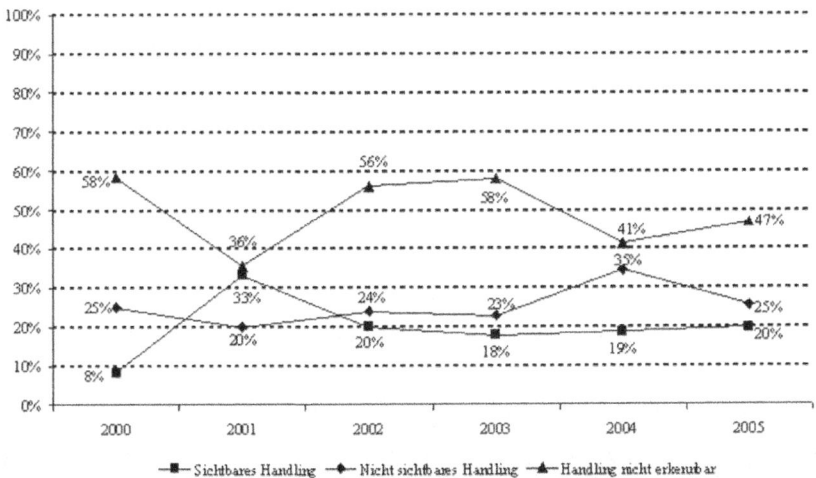

In der Lindenstraße zeigt sich zwischen 2002 und 2005 ein eindeutiges Bild: Die Fälle, in denen das Handling nicht erkennbar ist, entwickeln sich von der führenden Kategorie kontinuierlich und insgesamt deutlich rückläufig, während sichtbares Handling im selben Umfang stetig und nicht sichtbares Handling insgesamt in verhältnismäßig geringem Umfang sinkt. 2005 befinden sich alle drei Kategorien mit ca. 30% auf annähernd demselben Niveau (vgl. Abbildung 27).

In den US-Serien ist über den gesamten Untersuchungszeitraum hinweg in etwa der Hälfte der Fälle das Handling nicht erkennbar. Sichtbares Handling tritt zu Beginn des Untersuchungszeitraums etwas häufiger auf als nicht sichtbares Handling. Der Anteil des sichtbaren Handlings reduziert sich jedoch im Laufe der Zeit zugunsten des nicht sichtbaren Handlings, das ab 2004 im direkten Vergleich die Oberhand gewinnt (vgl. Abbildung 28).

Abbildung 27: Handling im Zeitverlauf (Lindenstraße)

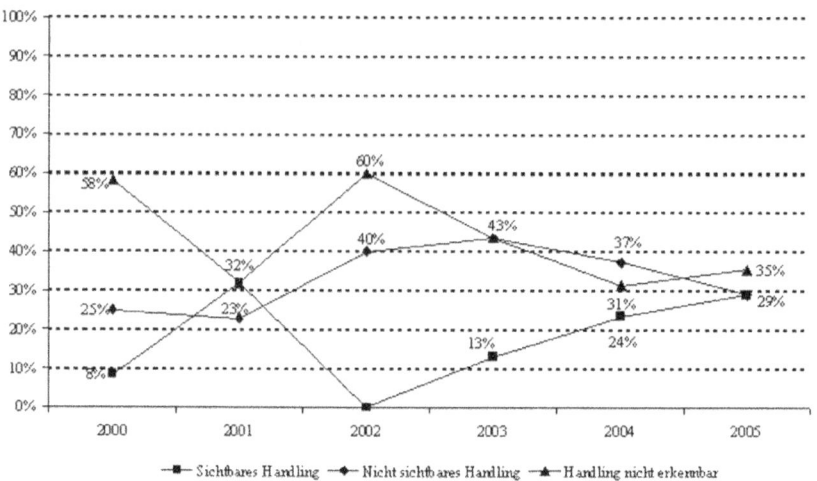

Abbildung 28: Handling im Zeitverlauf (US-Serien)

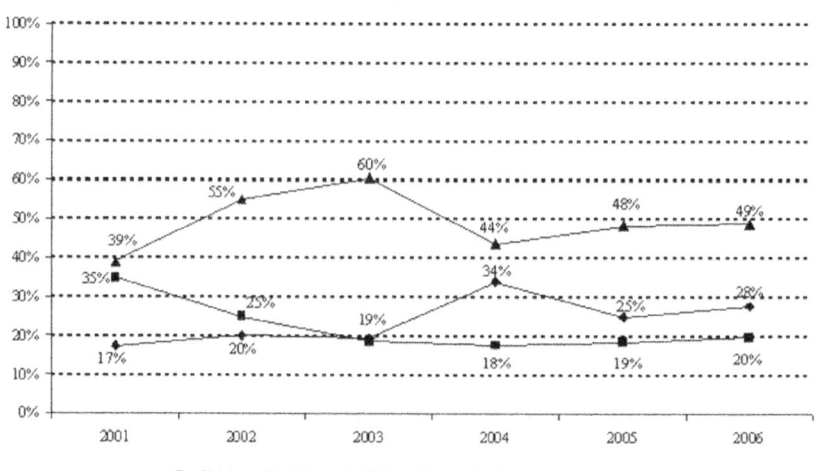

7.2.2.4   Nutzungsmodus

Eine weitere Dimension des objektorientierten Nutzungsaspekts II stellt die konkret genutzte Funktionalität des Mobiltelefons dar: der *Nutzungsmodus*. Insgesamt wurden 946 symbolische Modelle identifiziert, bei denen das Mobiltelefon nicht nur sichtbar ist, sondern auch genutzt wird.

Tabelle 8: Nutzungsmodus

	Lindenstraße (n=137)	US-Serien (n=809)	Gesamt (N=946)	Pearsons χ^2
Telefonie	96%	96%	96%	0,2
Sonstige Funktionalitäten	14%	5%	6%	18,2***

***p<0,001

Dabei dominiert mit über 90% eindeutig die Telefonie[42]. Sonstige Funktionalitäten[43] – hauptsächlich Textnachrichten, teilweise auch Nutzung von Organizerfunktion oder Kamera – spielen insgesamt gesehen nur eine sehr geringe Rolle. In der Lindenstraße ist dieser Anteil jedoch signifikant höher als in den US-Serien (vgl. Tabelle 8).

Bis zum Jahr 2002 fand der Zuschauer in der Gesamtheit der untersuchten Fernsehserien nur Handytelefonie vor, andere Funktionalitäten traten nicht auf. Seither hat sich das Bild zwar ein wenig gewandelt und andere Nutzungsweisen werden vereinzelt dargestellt, jedoch machen diese bis zum Ende des Untersuchungszeitraums zu keiner Zeit mehr als 10% aus (vgl. Abbildung 29).

Die deutliche Dominanz der Telefonie zeigt sich insbesondere in den US-Serien. Zwar sind hier seit dem Jahr 2002 andere Nutzungsweisen als Telefonie sichtbar, jedoch bleibt der Anteil immer unter 10% (ohne Abbildung). Bis 2002 ist auch in der Lindenstraße Telefonie der einzige für den Rezipienten sichtbare Nutzungsmodus. Seither hat sich das Bild hier jedoch erheblich verändert. Nach einem kontinuierlichen Anstieg beläuft sich die Nutzung sonstiger Funktionalitäten in der deutschen Serie sogar auf 37% der Fälle (vgl. Abbildung 30).

---

42 Zu Telefonie wurden die Kategorien ankommender Anruf, abgehender Anruf und unklares Telefonat zusammengefasst.

43 Zu sonstige Funktionalitäten wurden die Kategorien ankommende Textnachricht, abgehende Textnachricht, irrtümliche Reaktion und Nutzung sonstiger Handyfunktionen zusammengefasst.

Abbildung 29: Nutzungsmodus im Zeitverlauf

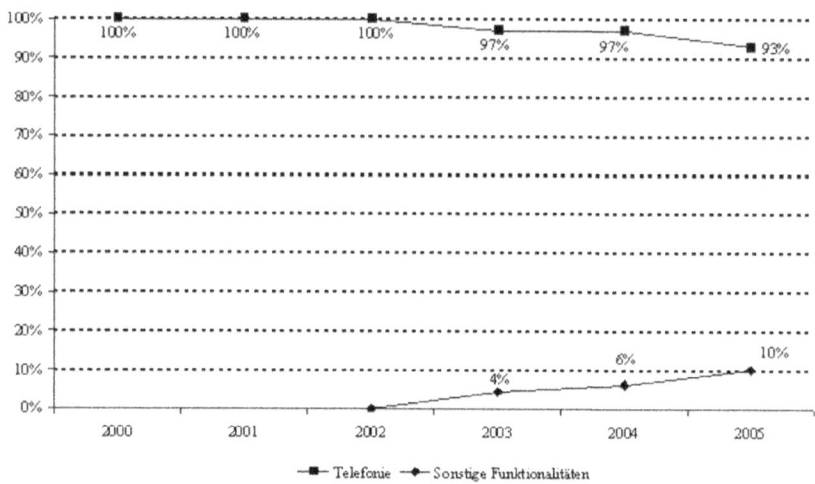

Abbildung 30: Nutzungsmodus im Zeitverlauf (Lindenstraße)

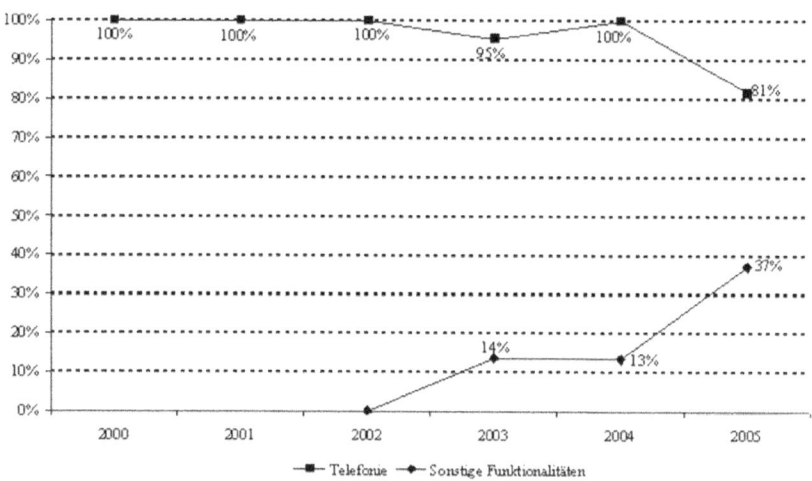

7.2.2.5   Zusammenfassung: Objektorientierter Nutzungsaspekt II

Die objektorientierte Nutzung II lässt sich über alle angeführten Einzelaspekte sowie den gesamten Untersuchungszeitraum hinweg als äußerst diskret und unaufdringlich beschreiben: Handyschmuck ist für den Rezipienten bis auf einige wenige Aufnahmen nie sichtbar und die Farbe des Handys ist – auch wenn im Laufe der Zeit der Anteil bunter Mobiltelefone zunimmt – zumeist gedeckt (schwarz, silber, grau). In der Mehrheit der Fälle ist nicht erkennbar, wie bzw. wo das Mobiltelefon vor seiner Nutzung verstaut ist. Wenn dies doch der Fall ist, dann setzt sich im Laufe des Untersuchungszeitraums zunehmend das diskretere, verdeckte Handling durch. Handys geben in TV-Serien zumeist keine Töne von sich. Wenn sie zu hören sind, was per se mit etwa einem Drittel der Fälle sehr selten geschieht, dann vorwiegend mit einem Klingeln, während sonstige Klingeltöne wie Melodien aus den Charts oder selbst erstellte Töne nur vereinzelt auftreten. Der dominierende Nutzungsmodus ist die Telefonie. Erst zum Ende des Untersuchungszeitraums lassen sich auch andere Nutzungsmodi, wie das Verfassen von SMS, beobachten. In den US-Serien bleibt ihr Anteil gering, in der Lindenstraße nimmt ihre Nutzung zum Ende des Analysezeitraums deutlich zu.

Hinsichtlich des objektorientierten Nutzungsaspekts lassen sich somit die in den Fernsehserien modellierten Verhaltensweisen weitgehend als Vorbilder für eine diskretere Nutzung des Mobiltelefons ansehen. Während in der Realität oftmals ein aufdringlicher Umgang mit dem Gerät zu beobachten ist (vgl. Kapitel 2.2.4.2) und dieser oftmals kritisiert oder zumindest negativ bewertet wird (vgl. u.a. Höflich 2001), bleiben die Mobiltelefone fiktionaler Akteure überaus diskret.

7.2.3   *Funktionaler Nutzungsaspekt II*

Zumeist wird das Handy als Mittel der Alltagsorganisation gezeigt – zum einen im Sinne einer Koordination von Terminen und Treffpunkten und zum anderen hinsichtlich eines gezielten Informationsaustauschs. Darin stimmen Lindenstraße und US-Serien miteinander überein. An dritter Stelle steht Kontaktpflege – in den US-Serien signifikant häufiger, als in der Lindenstraße. Eine Nutzung des Mobiltelefons zum Zweck der Ablenkung bzw. des Zeitvertreibs oder der Kontrolle („Wo bist Du?", „Was machst Du?") kann der Rezipient in den untersuchten TV-Serien nur selten beobachten (vgl. Tabelle 9).

Tabelle 9: Funktionaler Nutzungsaspekt II

	Linden-straße (n=130)	US-Serien (n=717)	Gesamt (N=847)	Pearsons χ^2
Ablenkung/Zeitvertreib	4%	3%	3%	-[†]
Alltagsorganisation: Koordination	49%	50%	50%	0,1
Alltagsorganisation: Gezielter Informationsaustausch	42%	38%	39%	0,9
Kontaktpflege	11%	33%	30%	25,9***
Kontrolle	6%	5%	5%	0,2

***$p<0,001$

[†] χ^2-Test nicht zulässig, da in 25% der Zellen die erwartete Häufigkeit kleiner als 5 ist.

Abbildung 31: Funktionaler Nutzungsaspekt II im Zeitverlauf

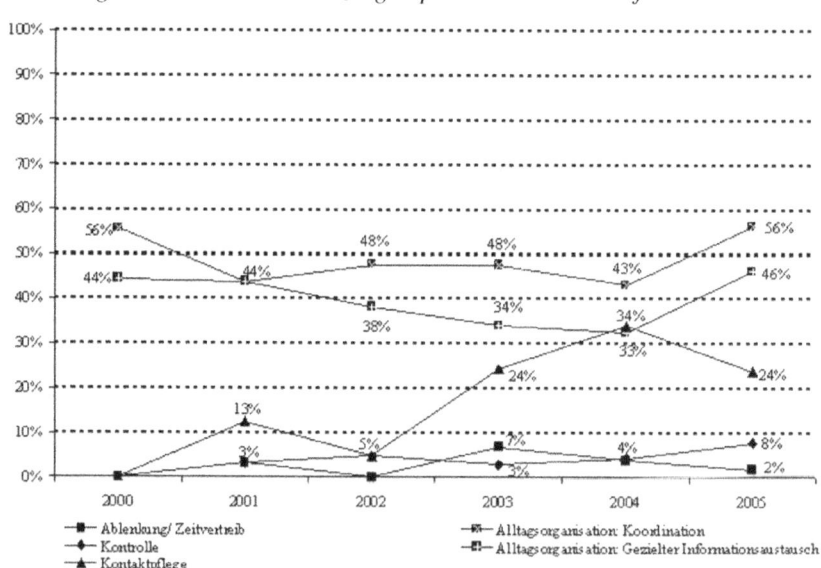

Über alle untersuchten Episoden hinweg sind Koordination und gezielter Informationsaustausch bereits seit Beginn des Untersuchungszeitraums der dominierende Nutzungszweck des Handys. Kontaktpflege hingegen ist für den Zu-

schauer erstmals 2001 beobachtbar. Von da an wird das Mobiltelefon zunehmend häufiger als Mittel der Kontaktpflege gezeigt. Das Handy als Mittel der Kontrolle oder zur Ablenkung bzw. zum Zeitvertreib findet sich zu einem konstant niedrigen Anteil (vgl. Abbildung 31).
In der Lindenstraße wird das Mobiltelefon zumeist zum Zweck der Alltagskoordination genutzt. Nach 2002 entwickeln sich dabei sowohl die Dimensionen Koordination als auch gezielter Informationsaustausch kontinuierlich rückläufig, wobei letztgenannte 2005 sogar den geringsten Stand seit 1998 erreicht. Nichtsdestotrotz beschreibt Alltagsorganisation in jedem Jahr den dominierenden Nutzungszweck. Kontaktpflege mit dem Handy kann der Zuschauer der Lindenstraße erst ab 2001 beobachten, ihr Anteil beträgt 2005 21% und kommt dem des gezielten Informationsaustauschs sehr nahe. Kontrolle und Ablenkung/Zeitvertreib sind nur in wenigen Einzelfällen zu sehen (vgl. Abbildung 32).

Abbildung 32: Funktionaler Nutzungsaspekt II im Zeitverlauf (Lindenstraße)

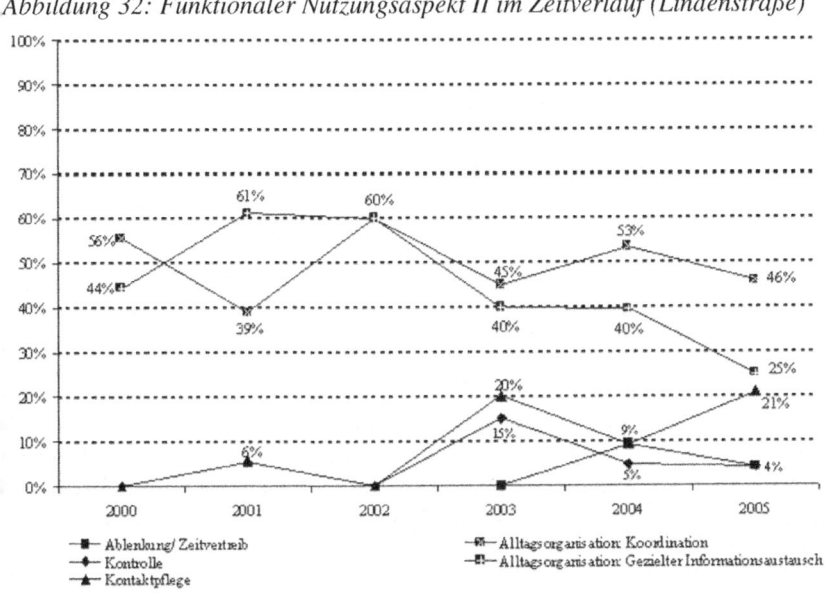

In den Nutzungsmustern der US-Serien-Akteure lässt sich im Laufe des Analysezeitraums eine zunehmende Dominanz der Alltagsorganisation nachvollziehen. Auch Kontaktpflege kann sich als funktionaler Nutzungsaspekt II etablieren: Ihr Anteil steigt von 21% 2001 auf 40% 2006. Eine Handynutzung zur Ablenkung oder aber auch zur Kontrolle bekommt der Zuschauer der US-Serien nur in Einzelfällen zu sehen. Der Anteil dieser funktionalen Nutzungsaspekte II bleibt immer unter 10% (vgl. Abbildung 33).

Abbildung 33: Funktionaler Nutzungsaspekt II im Zeitverlauf (US-Serien)

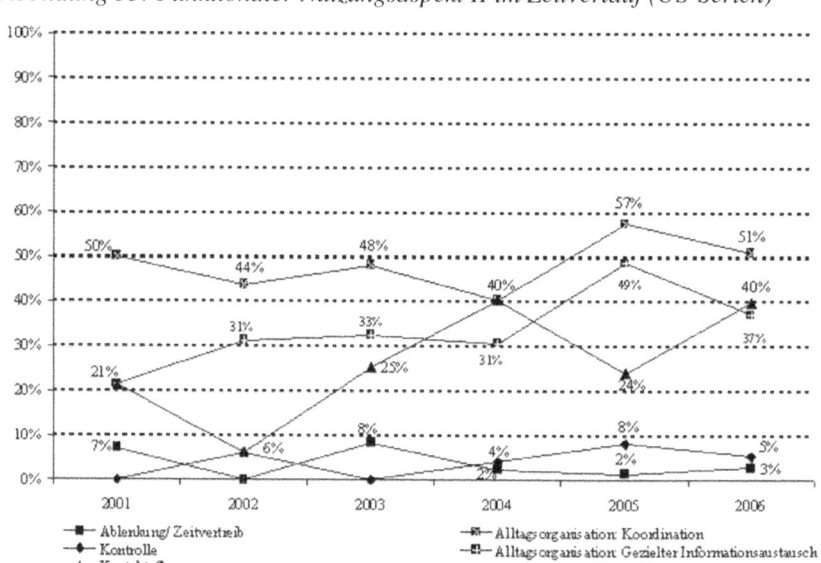

7.2.4   Motivationale Aspekte

Nachdem in den vorangegangenen Kapiteln untersucht wurde, in welchem Umfang die einzelnen Aneignungsaspekte symbolischer Modelle (im Zeitverlauf) identifiziert werden können, soll im Folgenden analysiert werden, inwieweit motivationale Aspekte im Sinne der sozialkognitiven Lerntheorie begleitend auftreten. Schließlich haben diese erheblichen Einfluss darauf, ob und in welchem Umfang modellierte Verhaltensweisen tatsächlich nachgeahmt werden (vgl. Kapitel 3.3.4).

7.2.4.1   Erfolg

Ein erster Faktor ist der Erfolg modellierter Verhaltensweisen, denn erfolgreiche Verhaltensmodelle werden eher nachgeahmt als erfolglose. Erfolg verstehen wir dabei als Erreichung des Ziels im Sinne des funktionalen Nutzungsaspekts II (vgl. 6.3.3.2).

Tabelle 10: Erfolg der symbolischen Modelle

	Lindenstraße (n=130)	US-Serien (n=717)	Gesamt (N=847)
Ziel wird erreicht	54%	65%	64%
Ambivalent	4%	11%	10%
Ziel wird nicht erreicht	21%	13%	14%
Nicht erkennbar	22%	11%	12%

Pearsons χ^2=23,0***; ***p<0,001

Insgesamt betrachtet, wird die Nutzung des Mobiltelefons eindeutig als nachahmenswertes Verhalten dargestellt: In knapp zwei Dritteln der Fälle erreichen die Akteure durch die Nutzung des Mobiltelefons ihr Ziel, wobei der Anteil in der Lindenstraße niedriger ist als in den US-Serien. Zu 10% liegen ambivalente Situationen, also solche, in denen die Nutzung des Mobiltelefons den Akteur bei der Erreichung seiner aktuellen Ziele weder hindert noch fördert, vor. Dabei ist der Anteil in den US-Serien höher als in der Lindenstraße. Dass die Akteure ihre Ziele nicht erreichen, die Handynutzung also als kontraproduktiv dargestellt wird, kann der Rezipient in insgesamt nur 14% beobachten. Allerdings ist hierbei der Anteil in der Lindenstraße doppelt so hoch wie in den US-Serien. Schließlich kann der Zuschauer in 12% der Fälle nicht erkennen, ob die Nutzung es Mobiltelefons dem Akteur dienlich war oder nicht. Auch hier weißt die Lindenstraße einen doppelt so hohen Wert auf wie die untersuchten US-Pendants (vgl. Tabelle 10).

Über den gesamten Untersuchungszeitraum und alle Fälle hinweg werden die modellierten Verhaltensweisen zunehmend erfolgreicher: Von anfänglich 50% aller Fälle steigt der Anteil bis auf 63% gegen Ende des Untersuchungszeitraums. Analog dazu sinkt der Anteil erfolgloser Modelle konsequenterweise von anfänglich einem Drittel auf schließlich 14%. Symbolische Modelle, deren Zielerreichung ambivalent ist, machen einen konstant geringen Anteil aus (vgl. Abbildung 34).

Abbildung 34: Erfolg im Zeitverlauf

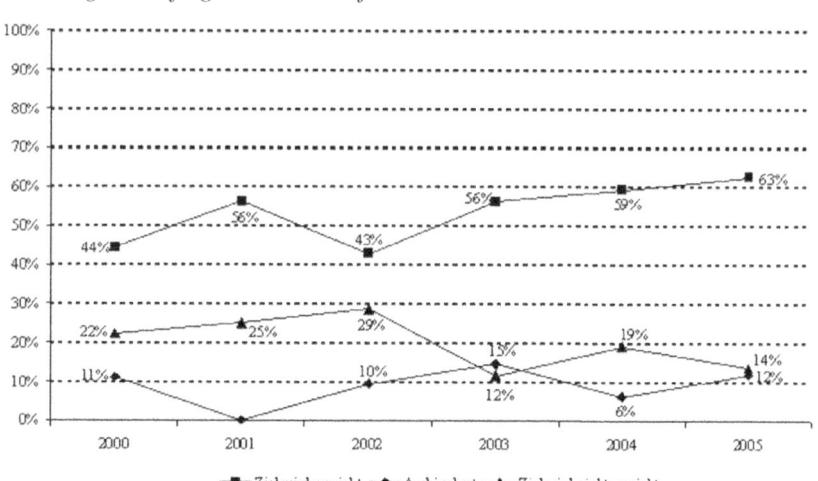

In der Lindenstraße schwankt der Anteil erfolgreicher Modelle zwischen 2000 und 2005 zwar stark (40% vs. 100%), bleibt dabei jedoch dominierend. Der Anteil erfolgloser fällt zunächst ab, nimmt dann jedoch wieder kontinuierlich auf immerhin 25% zu (vgl. Abbildung 35).

Abbildung 35: Erfolg im Zeitverlauf (Lindenstraße)

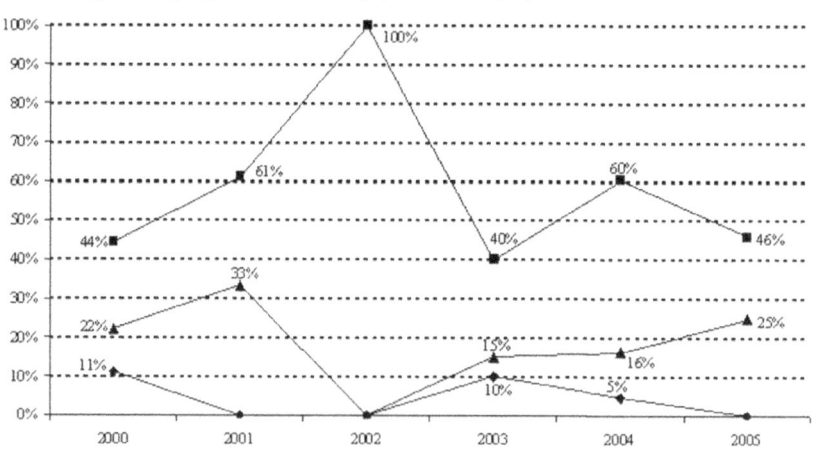

In den US-Serien steigt der Anteil erfolgreicher symbolischer Modelle, abgesehen von einem Einbruch 2002, kontinuierlich bis auf 75% zum Ende des Untersuchungszeitraums. Der Anteil erfolgloser Verhaltensweisen pendelt sich bei etwas über 10% ein, ebenso wie der Anteil derjenigen symbolischen Modelle, bei denen sich die Nutzung des Mobiltelefons für die Zielerreichung ambivalent darstellt (vgl. Abbildung 36).

Abbildung 36: Erfolg im Zeitverlauf (US-Serien)

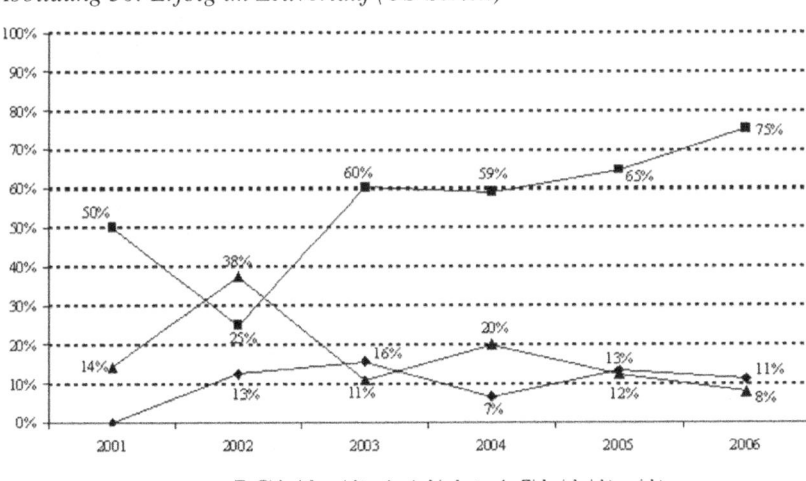

Die Wahrscheinlichkeit, dass die in den Fernsehserien modellierten Verhaltensweisen nachgeahmt werden ist folglich hoch und steigt im Untersuchungszeitraum, insbesondere im Fall der in den US-Serien gezeigten symbolischen Modelle, kontinuierlich an. Einzig in der Lindenstraße kann der Zuschauer im Verlauf des Untersuchungszeitraums immer mehr erfolglose symbolische Modelle beobachten. Davon unberührt können jedoch auch hier die erfolgreichen und damit wirkmächtigeren symbolischen Modelle als konstant dominierend bezeichnet werden.

7.2.4.2   Verstärkung bzw. Bestrafung der symbolischen Modelle

Neben dem Aspekt des Erfolges sind auch verbal geäußerte Wertungen fiktionaler Akteure im Sinne einer stellvertretenden Verstärkung ein Einflussfaktor auf die Nachahmung der beobachteten symbolischen Modelle. Loben die fiktionalen

Akteure Verhaltensweisen, so wird dieses wahrscheinlicher nachgeahmt als getadeltes Verhalten (vgl. 3.3.4).

Derartige Verstärkungen oder Bestrafungen treten in den untersuchten Fernsehserien jedoch nur äußerst selten auf. Dagegen sind Äußerungen, die die Nachahmung des modellierten Verhaltens nicht eindeutig motivieren klar in der Überzahl: Zumeist beziehen die fiktionalen Akteure, sowohl in der Lindenstraße als auch in den US-Produktionen, nicht Stellung. Wird wertend kommentiert, so überwiegend ambivalent. Explizite Verstärkungen oder Bestrafungen sind in den US-Produktionen signifikant häufiger vertreten als in der Lindenstraße. Dabei wird das Verhalten öfter gelobt als getadelt. Jedoch bleiben die klaren Stellungnahmen auch in den US-Produktionen Einzelfälle (vgl. Tabelle 11).

Tabelle 11: Verstärkung bzw. Bestrafung der symbolischen Modelle

	Lindenstraße (n=122)	US-Serien (n=427)	Gesamt (N=549)
Kein Lob oder Tadel	70%	71%	71%
Lob	1%	6%	5%
Ambivalent	28%	20%	22%
Tadel	1%	3%	3%

Pearsons χ^2=9,7*; *p<0,05

Diese Dominanz der nicht lobenden bzw. tadelnden Äußerungen lässt sich, deutlichen Schwankungen zum Trotz, über alle untersuchten Episoden und den ganzen Untersuchungszeitraum hinweg beobachten. Ambivalente Äußerungen nehmen zwischen 2000 und 2002 zunächst zu, seit 2002 geht ihr Anteil jedoch kontinuierlich zurück. Dieser Rückgang geschieht jedoch nicht zugunsten klarer Wertungen, also Lob bzw. Tadel. Deren Anteil bleibt über den gesamten Analysezeitraum hinweg gering (vgl. Abbildung 37).

In der Lindenstraße beziehen die fiktionalen Akteure zumeist keine Stellung, wobei der Anteil nicht wertender Äußerungen zwischen 2000 und 2005 deutlich zurückgeht. Von diesem Rückgang profitieren jedoch nur die ambivalent wertenden Äußerungen, deren Anteil zeitgleich ansteigt. Klare Verstärkungen oder Bestrafungen kommen in der Lindenstraße nur in Einzelfällen in den Jahren 2000 und 2005 vor (vgl. Abbildung 38).

In den US-Serien gehen die ambivalenten Äußerungen zwischen 2002 und 2006 zurück. Der Anteil der Äußerungen ohne Lob oder Tadel steigt dagegen im selben Zeitraum an. Konkreter Lob und Tadel ist auf konstant niedrigem Niveau zu beobachten, dabei steigt der Anteil der lobenden Äußerungen ab 2002 leicht an (vgl. Abbildung 39).

Abbildung 37: Verstärkung bzw. Bestrafung der symbolischen Modelle im Zeitverlauf

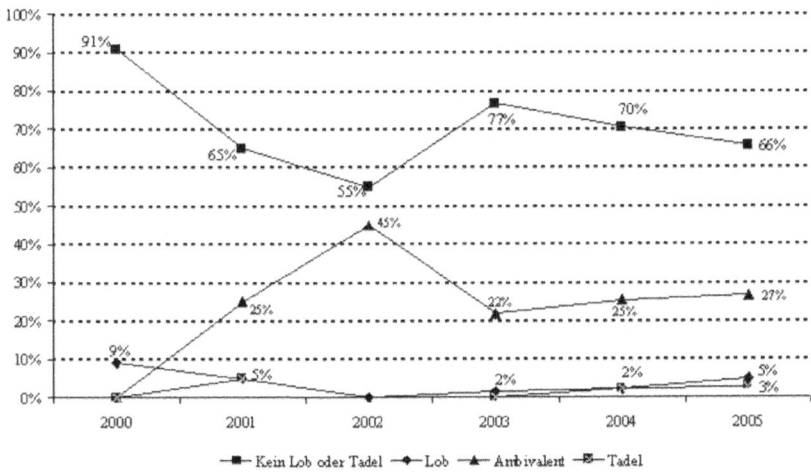

Abbildung 38: Verstärkung bzw. Bestrafung der symbolischen Modelle im Zeitverlauf (Lindenstraße)

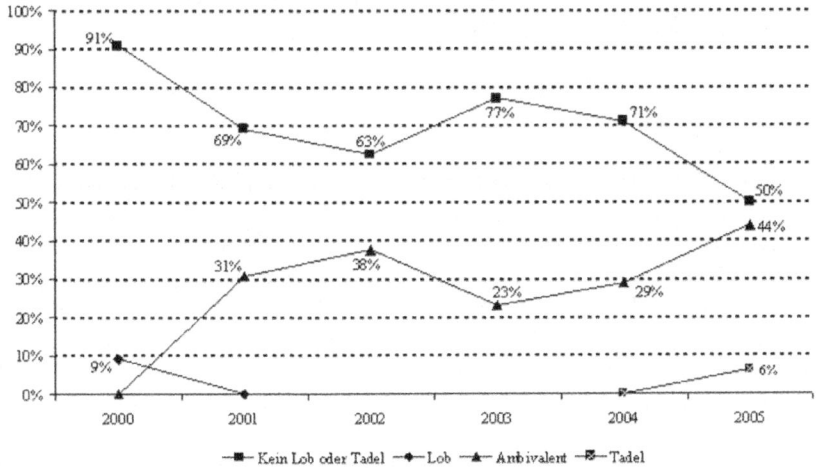

*Abbildung 39: Verstärkung bzw. Bestrafung der symbolischen Modelle im Zeit-
verlauf (US-Serien)*

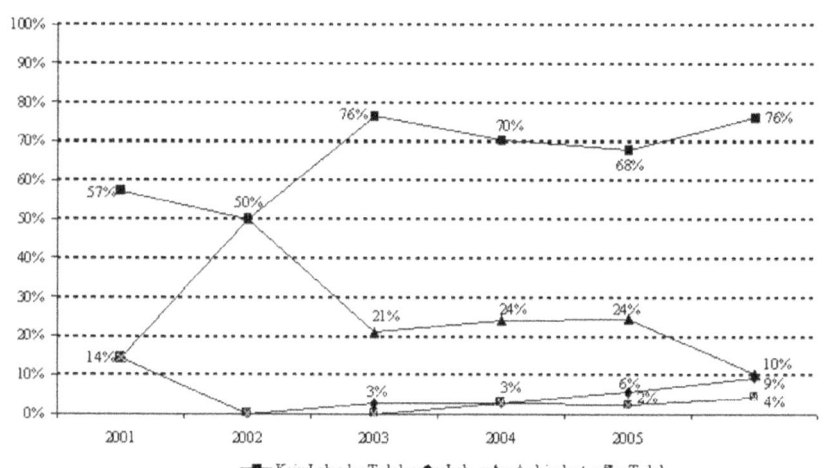

Der Zuschauer erhält somit in den symbolischen Modellen der Handyaneignung
zumeist keinerlei stellvertretende Verstärkung oder Bestrafung. Dies trifft auf
die US-Serien und die Lindenstraße gleichermaßen zu, wobei die Äußerungen in
der deutschen Produktion im Zeitverlauf einen kontinuierlichen Zuwachs
ambivalenter Bewertungen aufweisen. Vor diesem Hintergrund muss also von
einer eher geringen Wirkung der identifizierten symbolischen Modelle auf das
Verhalten der Zuschauer ausgegangen werden.

7.2.4.3   Identifikationspotential: Ähnlichkeit

Auch die Ähnlichkeit zwischen fiktionalem Akteur und Zuschauer hat Einfluss
auf die Nachahmung der modellierten Verhaltensweisen. Je ähnlicher der fiktionale Akteur und die eigene Person vom Zuschauer wahrgenommen werden, umso wahrscheinlicher ist eine Nachahmung (vgl. Kapitel 4.1.2).
    Von den in den Fernsehserien sichtbaren Handys können 879 wiederkeh-
renden Akteuren zugeordnet werden, für die die Eigenschaften Lebensphase und
Geschlecht erhoben wurden (vgl. Kapitel 6.5). Betrachtet man alle Fälle, so handelt es sich dabei um etwa gleich viele Männer und Frauen. Analysiert man jedoch Lindenstraße und die US-Serien getrennt voneinander, so zeigt sich ein
klarer Unterschied: In der Lindenstraße dominieren mit knapp zwei Dritteln die

männlichen Modelle, während in den US-Serien Verhaltensmodelle weiblicher Akteure etwas häufiger auftreten als solche mit männlichen Akteuren (vgl. Tabelle 12).

Tabelle 12: Geschlecht der Akteure

	Lindenstraße (n=135)	US-Serien (n=744)	Gesamt (N=879)
Männlich	62%	45%	48%
Weiblich	38%	55%	52%

Pearsons $\chi^2=13,5$***; ***$p<0,001$

Nimmt man US-Serien und Lindenstraße zusammen, so zeigt sich, dass die fiktionalen Nutzer zu Beginn des Untersuchungszeitraums ausschließlich männlich sind, der Anteil weiblicher Akteure im Laufe der Zeit jedoch kontinuierlich zunimmt und in den Jahren 2003 und 2004 den der männlichen Akteure sogar übersteigt. Gegen Ende des Untersuchungszeitraums ist das Verhältnis dann, genauso wie in der Gesamtbetrachtung, ausgeglichen (vgl. Abbildung 40).

Abbildung 40: Geschlecht der Akteure im Zeitverlauf

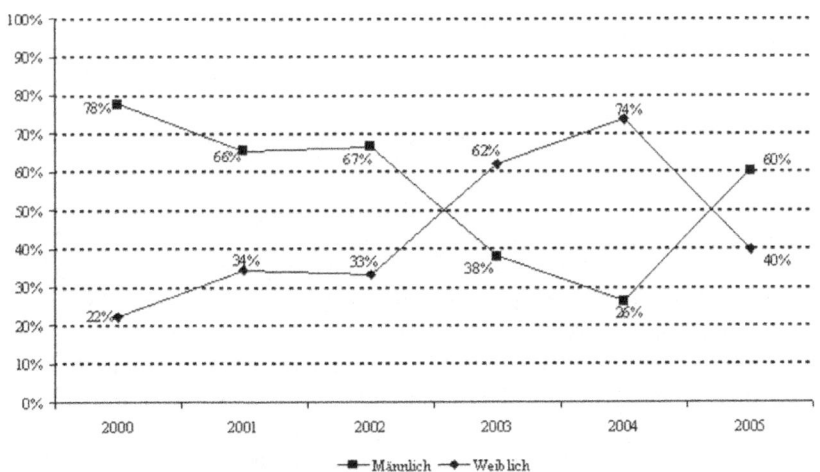

Eine isolierte Betrachtung der Entwicklung der Geschlechterverhältnisse im Laufe des Untersuchungszeitraums in der Lindenstraße führt zu demselben Bild: Anfangs dominieren Männer als Nutzer des Mobiltelefons. Der Anteil der Frauen steigt jedoch kontinuierlich an, so dass sich 2005 das Verhältnis zwischen männlichen und weiblichen Nutzern weitgehend ausgewogen darstellt (vgl. Abbildung 41).

In den US-Serien lässt sich im Zeitverlauf keine stringente Entwicklung des Geschlechterverhältnisses der Akteure erkennen. Zwar schwanken die Verhältnisse teilweise stark zwischen den einzelnen Jahren, insgesamt betrachtet, ist das Verhältnis jedoch als konstant ausgeglichen zu bezeichnen (ohne Abbildung).

Abbildung 41: Geschlecht der Akteure im Zeitverlauf (Lindenstraße)

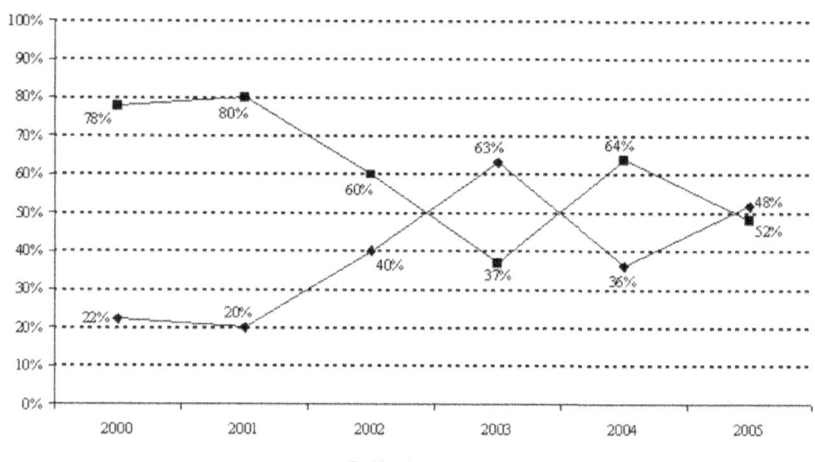

Betrachtet man die Lebensphase der Akteure, so zeigt sich, dass vor allem jugendliche und erwachsene Serienakteure Mobiltelefone nutzen. Ältere Erwachsene treten nur vereinzelt als Handynutzer auf. Mobiltelefonnutzung von Kindern spielt keine Rolle: Mit insgesamt nur einem Fall soll dieser Aspekt daher aus der weiteren Betrachtung ausgeschlossen werden.

Dabei ist auffallend, dass sich Lindenstraße und US-Serien hinsichtlich der Lebensphasen ihrer Akteure signifikant unterscheiden: Während in den US-Serien jugendliche Akteure etwas häufiger auftreten als erwachsene, dominieren in der Lindenstraße deutlich die erwachsenen Handynutzer. Jugendliche Handynutzer sind in der Lindenstraße dagegen nur zu 10% und damit annähernd selten wie die Handynutzer im älteren Erwachsenenalter vertreten. Letztgenannte lassen sich anteilsmäßig deutlich häufiger in der Lindenstraße ausmachen als in den US-Serien, wo diese praktisch keine Rolle spielen (vgl. Tabelle 13).

Tabelle 13: Lebensphase der Akteure

	Lindenstraße (n=135)	US-Serien (n=744)	Gesamt (N=878)
Jugendliche	10%	54%	47%
Erwachsene	79%	45%	50%
Älterer Erwachsene	11%	1%	3%

Pearsons χ^2=114,5***; ***p<0,001

Was das Verhältnis der Lebensphasen im Laufe des Untersuchungszeitraums insgesamt anbelangt, stellen Erwachsene den höchsten Anteil an Handynutzern, welcher jedoch kontinuierlich zugunsten der Jugendlichen zurückgeht. Zum Ende des Untersuchungszeitraums wird der größte Teil der modellierten Verhaltensweisen schließlich durch jugendliche Akteure ausgeführt. Ältere Erwachsene machen einen konstant geringen Anteil der Handynutzer aus (vgl. Abbildung 42).

Abbildung 42: Lebensphase der Akteure im Zeitverlauf

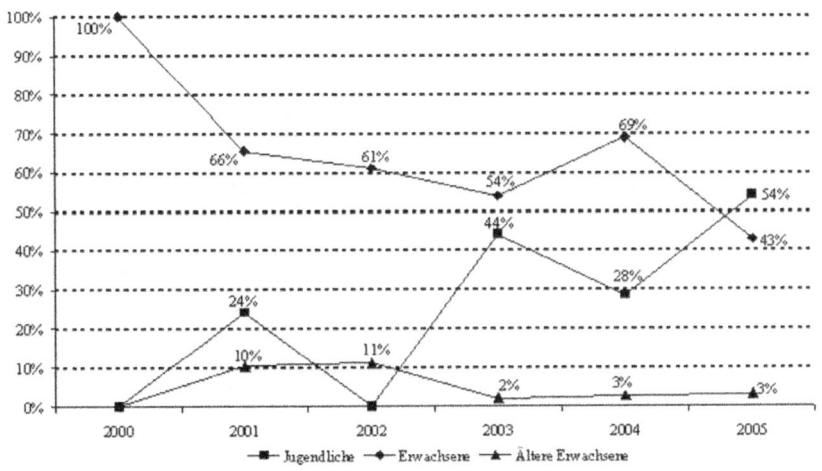

Wie Abbildung 43 zeigt, dominieren in der Lindenstraße erwachsene Akteure. Ältere Erwachsenen machen zunächst noch einen größeren Anteil aus, verlieren jedoch im Laufe der Zeit an Bedeutung. Jugendliche nutzen in der Lindenstraße nur zu einem verhältnismäßig geringen Anteil Handys. Seinen Höchstwert erreicht diese Gruppe mit einem knappen Drittel 2001. Bis 2005 sinkt der Wert der Jugendlichen jedoch wieder auf unter 20%.

Abbildung 43: Lebensphase der Akteure im Zeitverlauf (Lindenstraße)

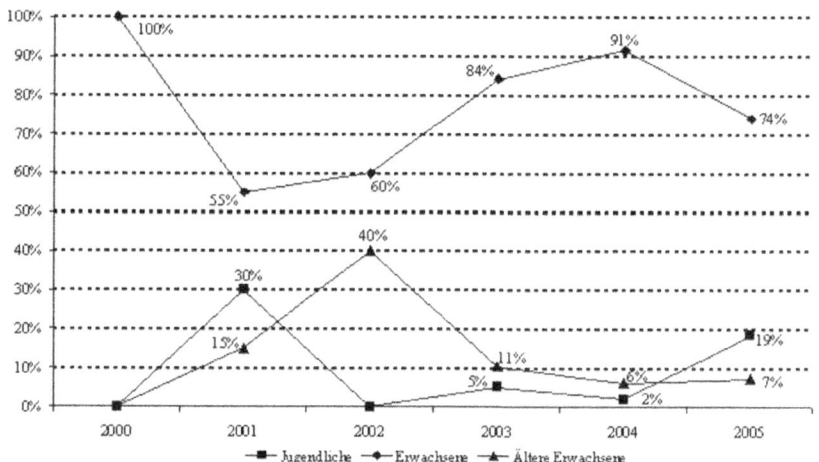

Abbildung 44: Lebensphase der Akteure im Zeitverlauf (US-Serien)

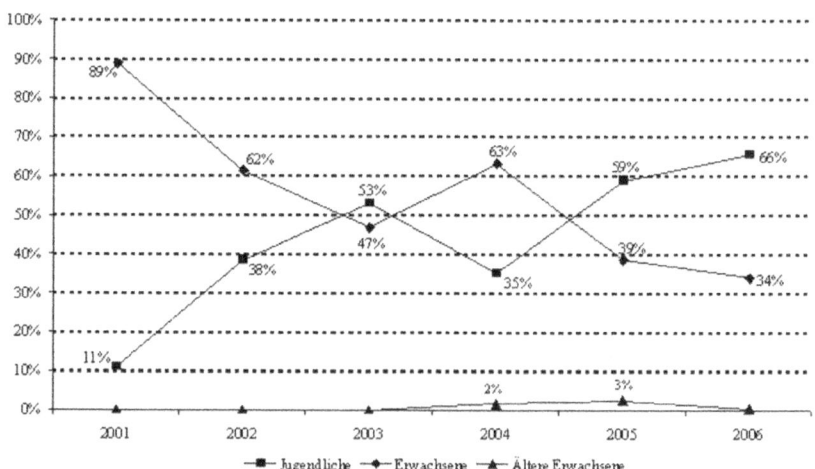

In den US-Serien hingegen nimmt der Anteil jugendlicher Handynutzer seit 2001 kontinuierlich zu, so dass sie gegen Ende des Untersuchungszeitraums mit knapp zwei Dritteln einen höheren Anteil ausmachen, als die Erwachsenen mit nur ca. einem Drittel. Ältere Akteure spielen in den US-Serien über den gesamten Untersuchungszeitraum hinweg praktisch keine Rolle (vgl. Abbildung 44).

Zusammenfassend lässt sich festhalten, dass die symbolischen Modelle der Handyaneignung zu Beginn des Untersuchungszeitraums, als die Mobilkommunikation sowohl in den USA als auch in Deutschland noch einen innovativen Dienst mit geringem Verbreitungsgrad darstellte (vgl. Kapitel 6.2), hauptsächlich Identifikationspotential für erwachsene Männer enthielten. Im Laufe des Untersuchungszeitraums treten zunehmend auch entsprechende weibliche Modelle auf, was als Entwicklung vor allem anhand der US-Serien nachvollzogen werden kann. Jugendliche gewinnen als Identifikationsfiguren ebenso erst mit der Zeit an Relevanz und dominieren gegen Ende das Bild sogar. Angesichts des Kriteriums Ähnlichkeit zwischen symbolischem Modell und Zuschauer kann damit – insbesondere bei den US-Serien – gegen Ende des Untersuchungszeitraums von einer höheren Wirkung der symbolischen Modelle auf die Verhaltensweisen Jugendlicher als auf die von Erwachsenen ausgegangen werden. Ältere Erwachsene finden dagegen in den Fernsehserien nur sehr wenige von gleichaltrigen Akteuren ausgeführte symbolische Modelle der Handyaneignung. Entsprechend ist für diese Gruppe die geringste Wirkung zu erwarten.

7.2.5   Metakommunikation II

Neben den sichtbaren Nutzungen des Mobiltelefons kann der Zuschauer in Fernsehserien auch Gespräche der dort auftretenden Akteure über Aspekte der Mobilkommunikation beobachten: Metakommunikation II. Die verschiedenen Aspekte dieses Phänomens werden im Folgenden betrachtet.

7.2.5.1   Arten der Metakommunikation II

Metakommunikation II tritt zumeist in Form a) rein verbaler oder b) in gleichzeitiger Kombination von verbalen und nonverbalen Äußerungen auf. Rein nonverbale Metakommunikation II, beispielsweise Augenverdrehen als Ausdruck der Unmutsäußerung, wird nur selten dargeboten. In den US-Serien lässt sich rein verbale Metakommunikation II mit einem Anteil signifikant häufiger beobachten, als in der Lindenstraße. Nichtsdestotrotz dominiert diese Art der Metakommunikation II in beiden Fällen. Kombinierte verbale und nonverbale Metakommunikation ist dagegen mit einem Anteil von 40% deutlich öfter in der Lindenstraße zu sehen (vgl. Tabelle 14).

Tabelle 14: Art des Kommentars

	Lindenstraße (n=122)	US-Serien (n=427)	Gesamt (N=549)
Verbal	57%	76%	72%
Nonverbal	3%	3%	3%
Verbal und nonverbal	40%	21%	25%

Pearsons χ^2=17,6***; ***p<0,001

7.2.5.2   Überblick über die Themen der Metakommunikation II

Wie in Kapitel 4.2.2.3 ausgeführt, finden sich theoretisch – in einer Spiegel-im-Spiegel-Logik – in der Metakommunikation II die verschiedenen Aspekte des MPA-Modells in Form eines MPA-Modells 3. Ordnung wieder (MPA III). Im Folgenden soll zunächst der Frage nachgegangen werden, welche dieser Aspekte des MPA III sich in der beobachteten Metakommunikation II tatsächlich wiederfinden.

Sowohl in der Lindenstraße als auch in den US-Produktionen findet sich in beinahe jeder Metakommunikation II ein Hinweis auf den Nutzungsmodus. Alle weiteren Aspekte sind deutlich seltener Gegenstand der Gespräche über Mobilkommunikation. Am zweithäufigsten beinhalten sowohl die US-Serien als auch die Lindenstraße Aussagen über den Zweck der Nutzung (funktionaler Nutzungsaspekt III). Restriktionen werden in 18% der Äußerung aufgegriffen. Auch hinsichtlich dieses Aspekts finden sich keine signifikanten Unterschiede zwischen Lindenstraße und US-Serien. Aussagen zur modischen Ausgestaltung des Mobiltelefons (objektorientierter Nutzungsaspekt III), sind dagegen signifikant häufiger in der Lindenstraße (23%) als in den US-Serien (9%) vorzufinden. Weitere interessante Unterschiede zwischen der Lindenstraße und den US-Serien lassen sich bezüglich des Normaspekts III ausmachen: Zwar ist dies in beiden Fällen der dritthäufigste Gegenstand der Metakommunikation II, dabei jedoch in den US-Serien verhältnismäßig mehr als doppelt so präsent, wie in den Episoden der deutschen Produktion (11%). Über die Frage inwiefern die Nutzung des Mobiltelefons Einfluss auf das persönliche oder soziale Selbst nimmt (symbolischer Nutzungsaspekt III) wird nur in wenigen Ausnahmefällen in den

US-Serien gesprochen. In der Lindenstraße wird dieser Aspekt sogar nie aufgegriffen[44] (vgl. Tabelle 15).

Tabelle 15: Themen der Metakommunikation II

	Linden-straße (n=122)	US-Serien (n=427)	Gesamt (N=549)	Pearsons χ^2
Objektorientierter Nutzungsaspekt III – Handling & Gestaltung des Handys	16%	8%	10%	5,8*
Objektorientierter Nutzungsaspekt III – Nutzungsmodus	93%	94%	94%	0,4
Symbolischer Nutzungsaspekt III	0%	1%	1%	-[†]
Funktionaler Nutzungsaspekt III	35%	38%	38%	0,3
Restriktionsaspekt III	22%	16%	18%	2,1
Normaspekt III	11%	24%	21%	9,7**

**p<0,01; ***p<0,001
[†] χ^2-Test nicht zulässig, da in 50% der Zellen die erwartete Häufigkeit kleiner als 5 ist.

Was die Betrachtung im Zeitverlauf über alle Serien hinweg angeht, so ist zwischen 2000 und 2002 mit in diesem Zeitraum rückläufigen, jedoch stets deutlich über 80% angesiedelten Werten der Nutzungsmodus das dominierendes Thema. Auch der Anteil der Aussagen, die den funktionalen Nutzungsaspekt III ansprechen, geht in diesem Zeitraum deutlich zurück. Der Normaspekt III hingegen nimmt in dieser Zeit einen zunehmend breiteren Raum in der Metakommunikation II ein, die Gestaltung des Mobiltelefons wird zu einem konstant niedrigen Anteil angesprochen, der Anteil von restriktionsbezogenen Aussagen schwankt stark und symbolische Nutzungsaspekte III werden nur in Einzelfällen thematisiert (vgl. Abbildung 45). Eine zum Zeitpunkt 2002 typische Aussage, die sowohl den Nutzungsmodus als auch den Normaspekt III beinhaltet, wäre „Kannst Du bitte zum Telefonieren rausgehen?".

Ab 2002 steigt der Anteil von Aussagen zum Nutzungsmodus sowie zum funktionalen Nutzungsaspekt III unter leichten Schwankungen wieder an. Der Nutzungsmodus bleibt dabei deutlich dominierend, während der funktionale Nutzungsaspekt mit Abstand das am zweithäufigsten repräsentierte Metakommunikations-II-Thema darstellt. Die Anteile des Normaspekts III, des Restrik-

---

44 Da der symbolische Nutzungsaspekt III nur in Einzelfällen auftritt, soll er im Folgenden nicht detaillierter betrachtet werden.

tionsaspekts III sowie des objektorientierten Nutzungsaspekts III gehen dagegen im selben Zeitraum wieder zurück (vgl. Abbildung 45). Zum Ende des Untersuchungszeitraums könnte eine typische Aussage, die sowohl Nutzungsmodus als auch den funktionalen Nutzungsaspekt III beinhaltet, lauten „Ich rufe mal schnell Rory an und frage sie, ob wir uns heute Nachmittag in Luke's Café treffen können.".

Abbildung 45: Themen der Metakommunikation II im Zeitverlauf

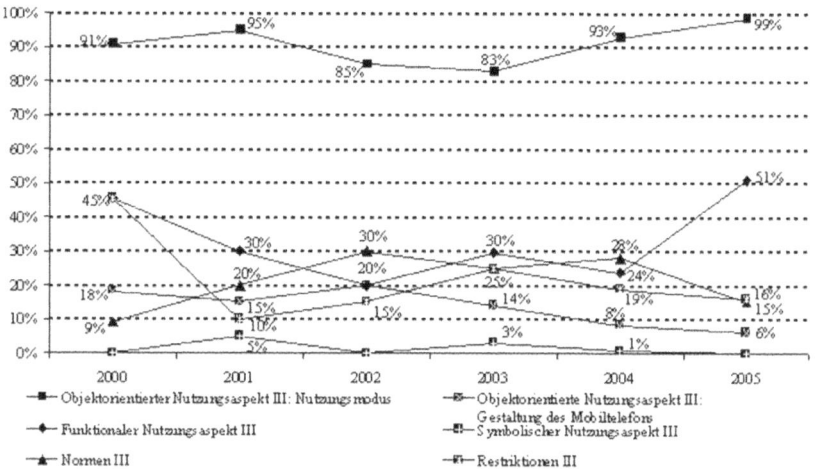

Abbildung 46: Themen der Metakommunikation II im Zeitverlauf (Lindenstraße)

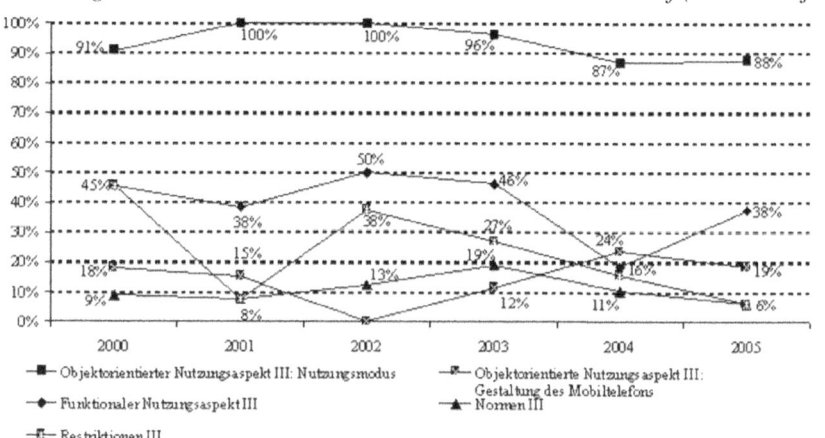

Bei alleiniger Betrachtung der Lindenstraße schwanken die Anteile zwischen den Jahren – auch bedingt durch die geringeren Fallzahlen – stärker. Der Nutzungsmodus dominiert auch hier über den gesamten Untersuchungszeitraum hinweg, weist jedoch im Zeitverlauf einen leicht negativen Trend auf. Auch der Anteil des funktionalen Nutzungsaspekts III geht – wenn auch auf vergleichsweise niedrigerem Niveau – unter Schwankungen zunächst bis 2004 zurück, steigt dann jedoch wieder an, um 2005 mit 38% mit Abstand den am zweithäufigsten thematisierten Aspekt der Metakommunikation II in der Lindenstraße auszumachen. Der Anteil der Aussagen zu Restriktionen der Handynutzung schwankt zunächst stark, geht seit 2002 jedoch kontinuierlich zurück. Die Gestaltung des Mobiltelefons (z.B. „Was ist das denn für ein Klingelton?") wird zunächst immer seltener angesprochen, erlebt jedoch seit 2002 eine Art Renaissance. Seitdem steigt der Anteil dieser Aussagen wieder an. Normaspekte III werden in der Lindenstraße generell eher selten angesprochen. Zusammen mit den restriktiven Aussagen kommt ihnen zum Ende des Untersuchungszeitraums die geringste Bedeutung zu (vgl. Abbildung 46).

Abbildung 47: Themen der Metakommunikation II im Zeitverlauf (US-Serien)

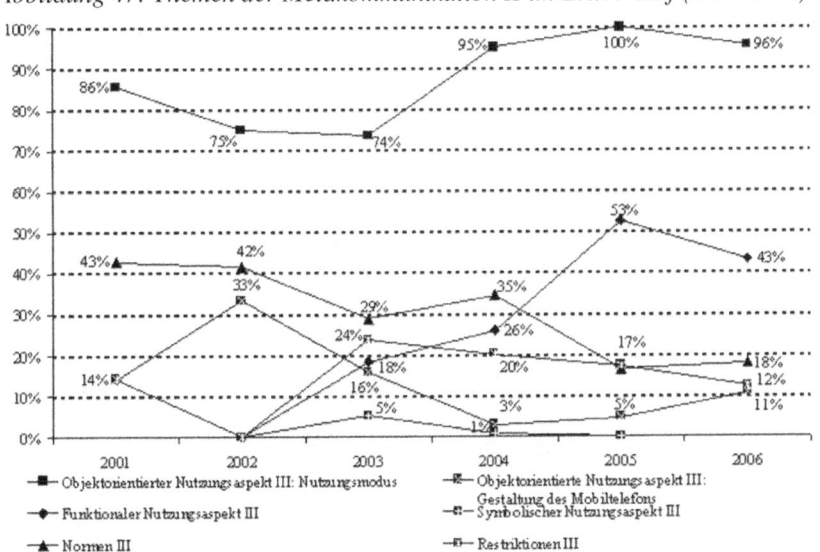

Die isolierte Betrachtung der US-Serien zeigt einen einheitlicheren Verlauf hinsichtlich der Themen der Metakommunikation II. Obwohl der Nutzungsmodus bereits 2001 in den meisten Aussagen angesprochen wird, steigt sein Anteil bis

2006 noch weiter auf 96%. Auch der Anteil des funktionalen Nutzungsaspekts steigt deutlich an. Während dieser Aspekt in den Jahren 2000 bis 2002 gar nicht angesprochen wird, macht er 2006 43% der in US-Serien nachvollziehbaren Äußerungen zur Mobilkommunikation aus. Die Anteile des Normaspekts III sowie von Aussagen zur Gestaltung des Mobiltelefons gehen hingegen zwischen 2001 und 2006 kontinuierlich zurück. Restriktionen der Handynutzung werden 2003 anteilsmäßig am häufigsten angesprochen (z.B. „Fasse dich bitte kurz, ich rufe vom Handy aus an und das ist teuer!"), verlieren danach jedoch kontinuierlich im Vergleich zu den anderen hier genannten Aspekten (vgl. Abbildung 47).

7.2.5.3   Objektorientierter Nutzungsaspekt III

7.2.5.3.1   Nutzungsmodus

In der überwiegenden Mehrheit der Fälle beziehen sich die metakommunikativen Aussagen der fiktionalen Akteure auf die Telefonie an sich. Dabei ist der Anteil in den US-Serien signifikant höher als in der Lindenstraße, die jedoch – wenn auch auf insgesamt niedrigem Niveau – mehr Aussagen liefert, in denen der SMS-Dienst angesprochen wird. Sonstige Funktionalitäten sind in beiden Serientypen nur in Einzelfällen Gegenstand der Metakommunikation II (vgl. Tabelle 16).

Tabelle 16: Nutzungsmodus

	Lindenstraße (n=122)	US-Serien (n=427)	Gesamt (N=549)	Pearsons χ^2
Telefonie	80%	88%	86%	5,8*
Textnachrichten	9%	4%	5%	6,3
Sonstige Funktionalitäten	1%	2%	2%	-[†]

*p<0,05

[†] χ^2-Test nicht zulässig, da in 25% der Zellen die erwartete Häufigkeit kleiner als 5 ist.

Die Betrachtung der Lindenstraße und US-Serien insgesamt im Zeitverlauf zeigt wiederum die konstante Dominanz der Telefonie. Zwischenzeitliche Einbrüche in der Verlaufskurve sind dabei auf Aussagen zurückzuführen, in denen gar kein Nutzungsmodus thematisiert wird. Andere Funktionalitäten als die Telefonie werden in der Metakommunikation II erst ab dem Jahr 2003 angesprochen. Ihr Anteil verbleibt jedoch jederzeit sehr gering (vgl. Abbildung 48).

Abbildung 48: Nutzungsmodus im Zeitverlauf

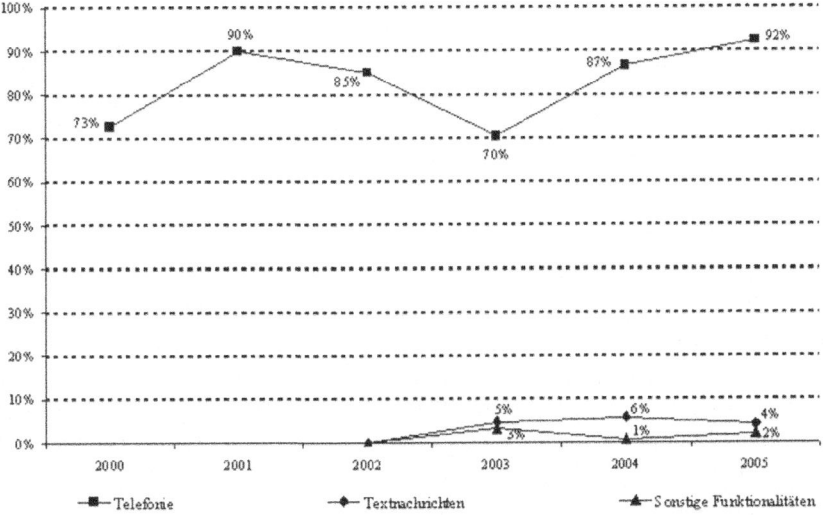

Bei den US-Serien dominiert Telefonie das Bild deutlich, andere Funktionalitäten werden erst ab 2003 thematisiert, jedoch auf anteilsmäßig kaum relevantem Niveau (ohne Abbildung).

Abbildung 49: Nutzungsmodus im Zeitverlauf (Lindenstraße)

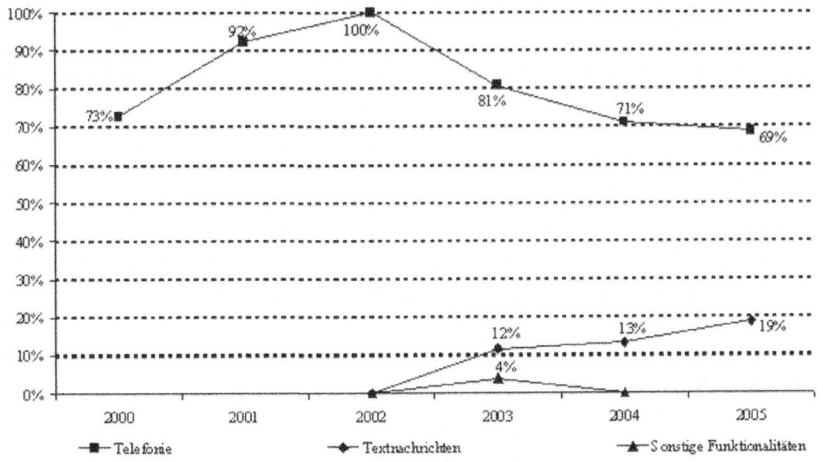

In der Lindenstraße stellt sich das Bild hingegen etwas anders dar: Der Anteil von Aussagen die Textnachrichten ansprechen, steigt ab 2003 deutlich an, gleichzeitig wird der Nutzungsmodus Telefonie in diesem Zeitraum zunehmend weniger thematisiert. Sonstige Funktionalitäten sind nur in Einzelfällen Thema der Metakommunikation II (vgl. Abbildung 49). In der Lindenstraße bekommt der Zuschauer zum Ende des Untersuchungszeitraums somit immer öfter Aussagen wie „Hast Du meine SMS bekommen?" dargeboten.

7.2.5.3.2 Handling und Gestaltung des Handys

Weitere Aspekte des objektorientierten Nutzungsaspekts III werden in den untersuchten Fernsehserien nur selten thematisiert. Und wenn, dann handelt es sich dabei um Aspekte des Handlings. Diese werden in der Lindenstraße signifikant häufiger angesprochen als in den US-Produktionen. Aussagen zu Klingeltönen oder Handyschmuck und -farbe lassen sich nur in Einzelfällen beobachten (vgl. Tabelle 17).

Tabelle 17: Handling und Gestaltung des Handys

	Linden-straße (n=122)	US-Serien (n=427)	Gesamt (N=549)	Pearsons χ^2
Handling	15%	6%	8%	10,4**
Aussehen des Mobiltelefons (Handyschmuck und –farbe)	0%	1%	1%	-[†]
Klingeltöne	1%	2%	1%	-[††]

**p<0,01
[†] χ^2-Test nicht zulässig, da in 50% der Zellen die erwartete Häufigkeit kleiner als 5 ist.
[††] χ^2-Test nicht zulässig, da in 25% der Zellen die erwartete Häufigkeit kleiner als 5 ist.

Betrachtet man diese Aspekte anhand aller Episoden im Zeitverlauf, so zeigt sich, dass Klingeltöne und das Aussehen der Geräte erst ab 2003 und dann auch nur in Einzelfällen in der Metakommunikation II aufgegriffen werden. Über Handlingaspekte wird vor allem in den Jahren 2000 bis 2003 gesprochen, danach geht der Anteil der Aussagen zu diesem Thema deutlich zurück (vgl. Abbildung 50).

Abbildung 50: Handling und Gestaltung des Handys im Zeitverlauf

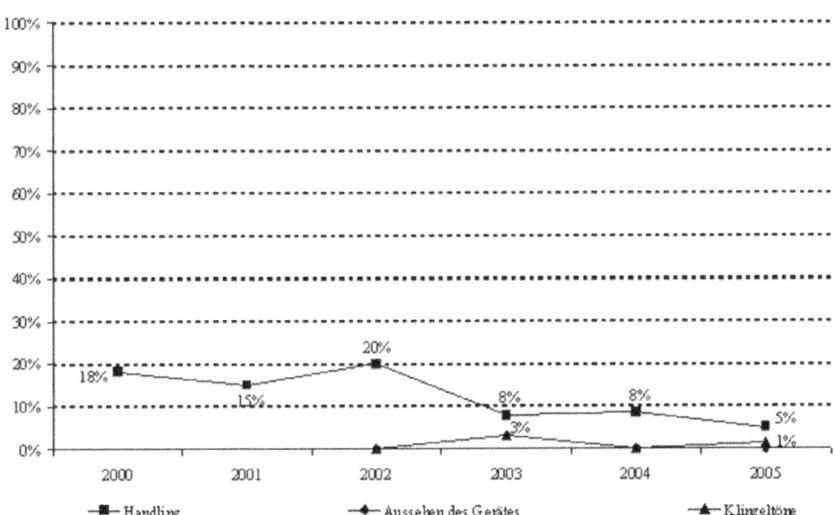

Abbildung 51: Handling und Gestaltung des Handys im Zeitverlauf (Linden-straße)

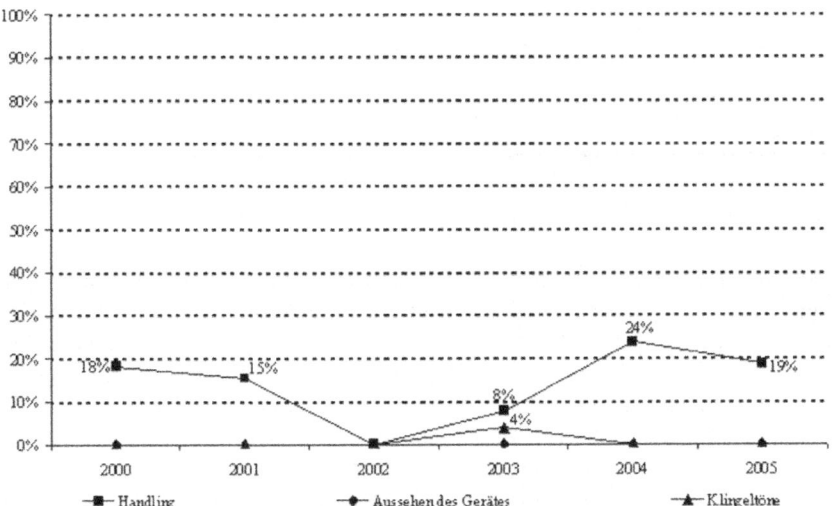

Während sich dieser Verlauf in ähnlicher Form auch bei einer separaten Betrachtung der US-Serien wieder findet (ohne Abbildung), stellt sich die Situation in der Lindenstraße sogar noch extremer dar. Handyschmuck und -farbe werden hier zu keinem Zeitpunkt angesprochen, Klingeltöne nur 2003 und hinsichtlich des Handlingaspekts ergibt sich ein zweigipfliger Verlauf: Mit Anteilen von 18 bzw. 24% treten Aussagen zu diesem Thema anteilsmäßig am häufigsten in den Jahren 2000 und 2005 auf (vgl. Abbildung 51).

7.2.5.4   Funktionaler Nutzungsaspekt III

Der funktionale Zweck der Handynutzung wird nur in 38% der Metakommunikations-II-Aussagen angesprochen (vgl. Kapitel 7.2.5.2). Dabei dominiert – analog zu den für den Rezipienten beobachtbaren Verhaltensweisen – der Aspekt der Alltagsorganisation. Alle weiteren Aspekte des funktionalen Nutzungsaspekts III sind deutlich seltener Gegenstand von Äußerungen in den Serien. Dabei unterscheiden sich US-Serien und Lindenstraße nicht (vgl. Tabelle 18).

Tabelle 18: Funktionaler Nutzungsaspekt III

	Lindenstraße (n=122)	US-Serien (n=427)	Gesamt (N=549)	Pearsons χ^2
Ablenkung/Zeitvertreib	2%	4%	3%	$\_^\dagger$
Alltagsorganisation	23%	22%	23%	0,0
Kontaktpflege	5%	9%	8%	2,4
Kontrolle	8%	5%	6%	1,3

**p<0,01

† χ^2-Test nicht zulässig, da in 25% der Zellen die erwartete Häufigkeit kleiner als 5 ist.

Der Anteil der Aussagen, die sich mit dem Mobiltelefon als Medium der Alltagsorganisation auseinandersetzen geht, über Lindenstraße und US-Serien insgesamt betrachtet, bis 2004 kontinuierlich zurück. 2005 steigt er dann jedoch wieder an. Die Dimensionen Kontaktpflege und Kontrolle lassen sich über den gesamten Untersuchungszeitraum hinweg nur in einem kleinen Teil der Äußerungen zum Themenfeld Mobilkommunikation wiederfinden. Darüber, dass das Mobiltelefon zur Ablenkung genutzt wird bzw. werden kann, wird erstmals 2003 gesprochen – dies jedoch nur in Einzelfällen (vgl. Abbildung 52). Dieser Verlauf stellt sich – allerdings ohne Steigerung des Anteils der Alltagsorganisation zum Ende des Untersuchungszeitraums – auch bei isolierter Betrachtung der Lindenstraße vergleichbar dar (ohne Abbildung).

Abbildung 52: Funktionaler Nutzungsaspekt III im Zeitverlauf

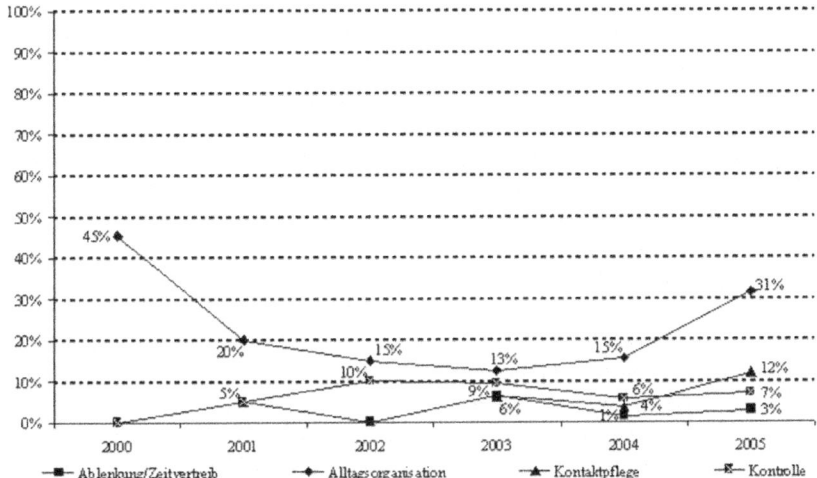

Abbildung 53: Funktionaler Nutzungsaspekt III im Zeitverlauf (US-Serien)

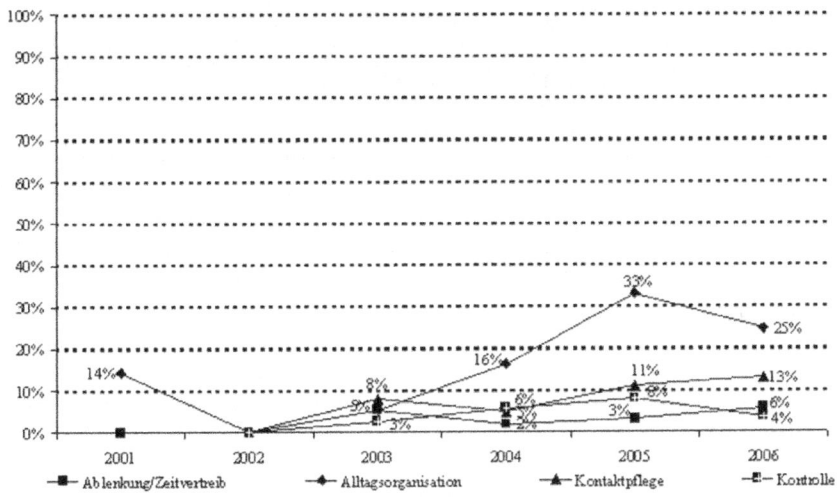

In den US-Serien nimmt der Anteil der Aussagen, die sich dem Aspekt der Alltagsorganisation durch die Nutzung des Handys widmen seit 2002 kontinuierlich zu. Gleiches gilt – wenn auch auf niedrigerem Niveau – für den Aspekt der Kontaktpflege. Ablenkung/Zeitvertreib und Kontrolle werden erst seit 2003 vereinzelt thematisiert (vgl. Abbildung 53).

Damit entsprechen die Prioritäten der einzelnen Nutzungsaspekte sowohl in der Lindenstraße, als auch in den US-Serien weitgehend den beobachtbaren Verhaltensweisen der fiktionalen Akteure. Ein (anteilsmäßiger) Rückgang dieser Aussagen im Laufe der Aneignung, wie er aufgrund der Überlegungen zum Aneignungsprozess zu erwarten wäre (vgl. Kapitel 2.2.3.5), lässt sich jedoch nur in der Lindenstraße beobachten.

7.2.5.5   Normaspekte III

Wie bereits in Kapitel 7.2.5.2 gezeigt, sprechen die fiktionalen Akteure der Lindenstraße und der ausgewählten US-Serien eher selten über die Handynutzung betreffende Regeln. Wenn derartige Themen angesprochen werden, so handelt es sich in den meisten Fällen um Hinweise auf Normverletzungen. Äußerungen, die feststellen, dass eine Norm beachtet wurde, lassen sich nur in Einzelfällen hören. Beide Aspekte – sowohl Normbeachtung als Normverletzung – sind, wenn auch auf niedrigem Niveau, signifikant häufiger Gegenstand der Metakommunikation II in US-Serien als in der Lindenstraße. Aussagen im Rahmen einer Diskussion von Normen in deren Rahmen sowohl das Pro als auch das Contra einer Position angesprochen werden, treten ebenfalls nur vereinzelt und nur in den US-Produktionen auf (vgl. Tabelle 19).

Tabelle 19: Normaspekte III

	Lindenstraße (n=122)	US-Serien (n=427)	Gesamt (N=549)	Pearsons χ^2
Diskussion von Normen	0%	7%	6%	9,7**
Hinweis auf eine Normverletzung	10%	15%	14%	6,2*
Hinweis auf eine Normbeachtung	1%	4%	3%	

*p<0,05; **p<0,01

Betrachtet man die Verteilung insgesamt, so geht seit 2000 der Anteil der Hinweise auf Normverletzungen unter leichten Schwankungen sowie ausgehend von einem ohnehin niedrigen Niveau kontinuierlich zurück. Ebenfalls auf niedrigem Niveau lassen sich Diskussionen von Normen zwischen 2001 und 2003 zunehmend häufiger beobachten, wobei auch deren Anteil im direkt anschließenden Zeitraum sinkt (vgl. Abbildung 54). Dieses Bild ergibt sich so auch bei einer isolierten Betrachtung der US-Serien (ohne Abbildung).

Abbildung 54: Normaspekte III im Zeitverlauf

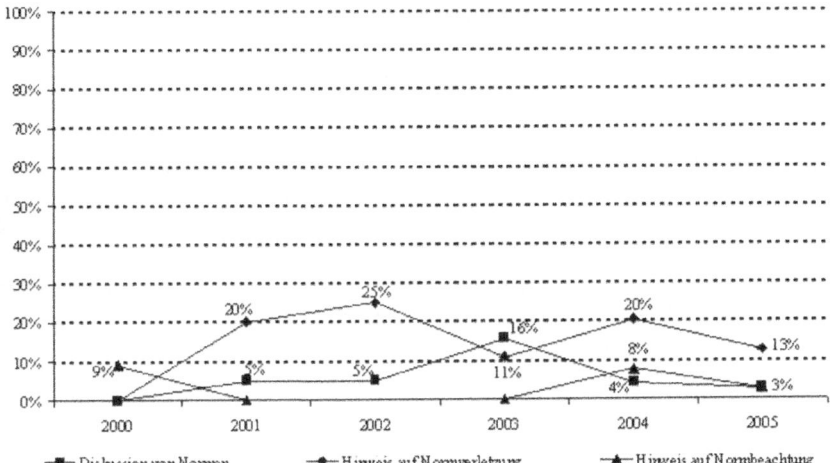

Abbildung 55: Normaspekte III im Zeitverlauf (Lindenstraße)

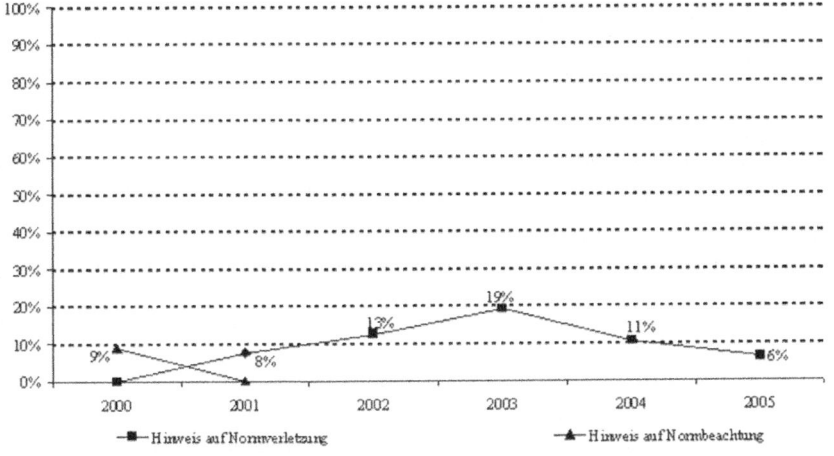

In der Lindenstraße nehmen die Hinweise auf Normverletzungen zunächst zwischen 2001 und 2003 zu, bevor ihr Anteil wieder auf 6% der Aussagen zurückgeht. Ein Hinweis auf eine Normbeachtung lässt sich nur einmalig 2000 beobachten (vgl. Abbildung 55).

Der in den Fernsehserien gespiegelte Aneignungsprozess 2. Ordnung stellt sich somit hinsichtlich des Aushandelns von Nutzungsnormen deutlich weniger diskursiv dar als dies für den real stattfinden Aneignungsprozess (1. Ordnung) von Karnowski et al. (2006) postuliert wurde (vgl. Kapitel 2.2.1).

7.2.5.6   Restriktionsaspekte III

Wie bereits dargestellt, sind Restriktionen der Handynutzung nur äußerst selten Gegenstand der Metakommunikation II (vgl. Kapitel 7.2.5.2). Bis auf das Vorhandensein technischer Restriktionen (z.B. „Das kann mein Handy nicht."), die mit einem Anteil von 12% signifikant häufiger in der Lindenstraße als in den US-Serien vorkommen, werden dabei alle anderen möglichen Aspekte nur in wenigen Einzelfällen angesprochen (vgl. Tabelle 20).[45]

Tabelle 20: Restriktionsaspekte III

		Linden-straße (n=122)	US-Serien (n=427)	Gesamt (N=549)	Pearsons χ^2
Finanzielle	vorhanden	2%	1%	1%	$-^\dagger$
	nicht vorhanden	0%	0%	0%	
Technische	vorhanden	12%	8%	9%	11,9**
	nicht vorhanden	4%	0%	1%	
Zeitliche	vorhanden	1%	4%	4%	$-^\dagger$
	nicht vorhanden	2%	0%	1%	
Kognitive	vorhanden	3%	1%	2%	$-^{\dagger\dagger}$
	nicht vorhanden	0%	0%	0%	

**p<0,01

† χ^2-Test nicht zulässig, da in 50% der Zellen die erwartete Häufigkeit kleiner als 5 ist.

†† χ^2-Test nicht zulässig, da in 25% der Zellen die erwartete Häufigkeit kleiner als 5 ist.

---

45 Aufgrund dieser geringen Auftretenshäufigkeit der Restriktionsaspekte III wird auf eine detailliertere Betrachtung dieses Aspekts im Zeitverlauf verzichtet.

Infolgedessen lassen sich im untersuchten Aneignungsprozess II, wie bereits zuvor für den Normaspekt III (vgl. Kapitel 7.2.5.5), auch hinsichtlich der Restriktionen nur wenige diskursive Elemente finden.

7.2.6   *Zusammenfassung: Aspekte symbolischer Modelle der Handyaneignung*

Das Mobiltelefon stellt in den untersuchten Serien weniger einen Innovationscluster, als vielmehr – orientiert an seiner ursprünglichen Bestimmung – hauptsächlich ein *Telefon* dar. Andere Funktionalitäten werden kaum gebraucht. Einzig der Versand von Textnachrichten, als häufigster Nutzungsweise innerhalb der Nutzung sonstiger Funktionalitäten, steigt gegen Ende des Untersuchungszeitraums in verhältnismäßig kurzer Zeit auf rund ein Fünftel an, dies jedoch auch nur in der Lindenstraße.

Gleichzeitig ist das *Objekt Mobiltelefon* überwiegend sehr zurückhaltend gestaltet. Sowohl bunte Handys, andere Klingeltöne als ein Klingeln oder auch Handyschmuck lassen sich nur in Einzelfällen beobachten. In der Realität ist der objektorientierte Nutzungsaspekt bei weitem nicht so diskret ausgeprägt und wird auch oftmals kontrovers diskutiert. Davon zeugen Initiativen die vor der Schuldenfalle Handy, welche oftmals durch Klingeltondownloads etc. entsteht, warnen (vgl. u.a. Bundesministerium für Familie, Senioren, Frauen und Jugend 2007, Fangrath 2005, Thomas-Martin 2002), Befunde, die aufzeigen, dass Klingeltöne oftmals als störend empfunden werden (vgl. u.a. Döring 2002, Höflich 2001) sowie erste empirische Studien zum Aneignungsprozess I (vgl. Kapitel 2.2.4.2). Vor dem Hintergrund dieser realen Umstände erscheint die objektorientierte Nutzung II des Mobiltelefons in den untersuchten Fernsehserien geradezu als ein zurückhaltendes Ideal mit Vorbildcharakter.

Als *Nutzungszweck* dominiert in der Welt der Familienserien und wöchentlichen Soaps die Alltagsorganisation. Insbesondere in den US-Serien etabliert sich zudem im Laufe des Analysezeitraums die Kontaktpflege als weiterer funktionaler Nutzungsaspekt II.

Inwieweit die identifizierten symbolischen Modelle jedoch dazu geeignet sind, *den Zuschauer zur Imitation anzuregen*, bleibt widersprüchlich. Zwar sind die gezeigten Nutzungssituationen in den allermeisten Fällen von Erfolg gekrönt, was eine Nachahmung der gezeigten symbolischen Modelle motivieren sollte. Jedoch erfährt der Zuschauer nur in den wenigsten Fällen stellvertretende Verstärkung. Zumeist bleiben die dargestellten Verhaltensweisen ohne jegliche Wertung durch andere fiktionale Akteure.

Hinsichtlich der Ähnlichkeit zwischen fiktionalem Akteur und Zuschauer und dem damit verbundenen *Identifikationspotential* für den Rezipienten ist zu Beginn des Untersuchungszeitraums von der stärksten Wirkung der symbolischen Modelle auf erwachsene Männer auszugehen. Im Laufe der Zeit holen Frauen und Jugendliche jedoch als fiktionale Nutzergruppen auf, so dass gegen Ende des Untersuchungszeitraums in dieser Hinsicht die stärkste Wirkung der symbolischen Modelle auf Jugendliche angenommen werden kann.

Fiktionale Akteure sprechen auch über verschiedene Aspekte der Mobilkommunikation (*Metakommunikation II*). Dabei lässt sich kein Rückgang der Metakommunikation II im Laufe der Zeit beobachten, wie es Wirth et al. (2007a, 2008) für den Aneignungsprozess 1. Ordnung annehmen (vgl. Kapitel 2.2.4.1.3). Vielmehr verändert sich – abgesehen vom Nutzungsmodus, der in der Metakommunikation II nahezu omnipräsent ist – der Inhalt der Gespräche. Während zwischen 2002 und 2004 *Normaspekte* die Metakommunikation II prägen, wenden sich die Gespräche danach überwiegend dem konkreten Nutzungszweck zu. Damit lässt sich, wenn auch auf eher niedrigem Niveau, zwischen 2002 und 2004 auch in den Fernsehserien ein (fiktionaler) Prozess des Aushandelns von Nutzungsnormen beobachten. Dies trifft insbesondere auf die US-Serien zu, während in der Lindenstraße soziale Normen der Handynutzung deutlich seltener angesprochen werden.

Die *Gestaltung des Mobiltelefons* ist – analog zu den beobachtbaren Verhaltensweisen – fast nie Thema der Metakommunikation II. Damit blenden die untersuchten Fernsehserien dieses gesellschaftlich äußerst kontrovers diskutierte Thema (s.o.) nahezu vollständig aus. Folglich liefern sie zwar vor dem Hintergrund der realen Umständen das Idealbild eines zurückhaltenden Umgangs mit dem Gerät Handy, geben dabei jedoch keinerlei Hinweise für den verantwortungsvollen Umgang mit einer modischen Gestaltung des Mobiltelefons, wie sie unter Jugendlichen weit verbreitet ist (vgl. u.a. Ling 2001, Ling & Yttri 2002, Wilska 2003). Das Gleiche gilt auch für finanzielle Restriktionen der Handynutzung: Während diese insbesondere für Jugendliche wichtig sind und sein müssen (Stichwort „Schuldenfalle Handy", vgl. u.a. Bundesministerium für Familie, Senioren, Frauen und Jugend 2007, Fangrath 2005), liefern die untersuchten TV-Serien auch in dieser Hinsicht keinerlei Anregungen.

7.3   Muster der Handyaneignung durch fiktionale Akteure

Um zu einem Gesamtbild der Aneignungsprozesse 2. Ordnung zu gelangen, das über die Deskription der Einzelaspekte hinausgeht, und um analog zum Verfahren auf der Ebene des MPA-Modells I (vgl. Kapitel 2.2.4.2) Nutzungsmuster identifizieren zu können, wurden die Nutzungsaspekte II zu latenten Klassen zu-sammengefasst. Um darüber hinaus auch entsprechende Muster der Metakom-munikation II erfassen zu können, wurde mit den Aspekten der Metakommuni-kation II gleichermaßen verfahren (zum Verfahren der Analyse latenter Klassen vgl. Kapitel 6.6).

7.3.1 Nutzungsmuster

7.3.1.1 Clusterbildung

Da in die Clusterbildung alle Nutzungsaspekte II einfließen sollen, können nur diejenigen symbolischen Modelle in der Klassifizierung berücksichtigt werden, bei denen tatsächlich eine Nutzung des Gerätes durch einen fiktionalen Akteur zu beobachten ist. Dies ist insgesamt 846mal der Fall. Aufgrund ihrer nahezu konstanten Ausprägungen wurden zusätzlich zwei Dimensionen des objektori-entierten Nutzungsaspekts II aus der Clusterbildung ausgeschlossen: Handy-schmuck und Art des Klingeltons. Sowohl die erstgenannte Dimension als auch andere Klingeltöne als ein Klingeln sind lediglich in 1% der symbolischen Mo-delle zu beobachten (vgl. Kapitel 7.2.2).

Tabelle 21: Likelihood-Ratio (inkl. Bootstrapping), Cressie-Read, Pearsons χ^2 und Bayesian Information Criterion (BIC) für die Ein- bis Zehn-Cluster-Lösung

	Likelihood-Ratio		Cressie-Read		Pearsons χ^2		BIC
	p-Wert	p-Wert (Bootstrap)		p-Wert		p-Wert	
1-Cluster	739	0,99	0,00	2038	0,00	7999	0,00	7350
2-Cluster	525	1,00	0,00	563	1,00	686	1,00	7223
3-Cluster	338	1,00	0,00	408	1,00	579	1,00	7124
4-Cluster	266	1,00	0,17	316	1,00	441	1,00	7140
5-Cluster	238	1,00	0,32	286	1,00	405	1,00	7200
6-Cluster	202	1,00	0,68	236	1,00	308	1,00	7251
7-Cluster	175	1,00	0,75	184	1,00	219	1,00	7312
8-Cluster	158	1,00	0,83	184	1,00	235	1,00	7382
9-Cluster	148	1,00	0,58	158	1,00	189	1,00	7460
10-Cluster	131	1,00	0,76	138	1,00	166	1,00	7530

Da die Anzahl der Cluster ursprünglich nicht bekannt war, wurden in einem ersten Schritt die Ein- bis Zehn-Cluster-Lösungen berechnet und anhand ihrer Kennwerte verglichen (zum Verfahren der LCA und den zugehörigen Kennwerten vgl. Kapitel 6.6). Von diesen zehn Lösungen kamen zunächst diejenigen in Frage, bei denen der Likelihood-Ratio-Test einen nicht signifikanten p-Wert ausweist, d.h. die Fälle, bei denen die Modellvorhersage nicht signifikant von den beobachteten Werten abweicht. Dies ist bei allen Lösungen der Fall.

Zieht man in Betracht, dass sowohl für den Cressie-Read-Test als auch Pearsons χ^2 ein signifikanter p-Wert ebenfalls unzulässig ist, konnte die Ein-Cluster-Lösung verworfen werden. Um das Vorgehen zusätzlich abzusichern, wurde der Likelihood-Ratio-Test mit der Methode des Bootstrappings überprüft. Diese Maßnahme führte zu dem Schluss, dass auch die Zwei- und Drei-Cluster-Lösungen signifikant von den beobachteten Daten abweichen.

Somit kommen nur noch die Vier- bis Zehn-Cluster-Lösungen in Frage (Tabelle 21). Dabei ist grundlegend diejenige Lösung am besten geeignet, deren zugrunde liegendes Modell die wenigsten zu schätzenden Parameter enthält, also am sparsamsten ist und damit den niedrigsten BIC-Wert aufweist (vgl. Kapitel 6.6). Dies ist bei der Vier-Cluster-Lösung der Fall (vgl. Tabelle 21).

7.3.1.2   Interpretation der Nutzungscluster

Basierend auf der Analyse latenter Klassen ergaben sich für jeden Cluster spezifische Wahrscheinlichkeiten, wie die verschiedenen in die Klassenbildung einbezogenen Variablen ausgeprägt sind. Diese sollen, in Anlehnung an Matthes (2007), im Folgenden als Ausprägungswahrscheinlichkeiten bezeichnet und die identifizierten vier Cluster anhand dieser interpretiert werden (vgl. Tabelle 22).

Cluster 1: Telefonische Alltagsorganisation (N1)
> Rory telefoniert mit ihrem silbernen Mobiltelefon mit ihrer Mutter Lorelai. Rory fragt Lorelai in welche Werkstatt sie ihr Auto zur Inspektion bringen soll. Lorelai rät ihr, ihren Großvater Richard um Rat zu fragen. Sie vereinbaren sich am Freitag um 19:00 Uhr bei den Großeltern zum Abendessen treffen.

Dieses hypothetische Szenario ist prototypisch für die Nutzungssituationen dieses Clusters. Die Nutzung des Mobiltelefons erfolgt zum Zweck der telefonischen Alltagsorganisation, sowohl im Sinne von Koordination als auch im Sinne von Informationsaustausch. Das Handy wird dabei als diskretes Objekt dargestellt. Am wahrscheinlichsten handelt es sich um ein graues, silbernes oder schwarzes Gerät. Die Wahrscheinlichkeit, dass das Handy vor der Nutzung für andere offen sichtbar ist, ist in diesem Cluster am geringsten.

Tabelle 22: Mittlere Ausprägungswahrscheinlichkeiten und erklärte Varianz der klassifizierten Variablen sowie relative Größe der Cluster der Vier-Cluster-Lösung

		N1	N2	N3	N4	R^2
Funktionaler Nutzungsaspekt	Ablenkung/ Zeitvertreib	1%	0%	6%	23%	8%
	Alltagsorganisation: Koordination	52%	99%	1%	18%	61%
	Alltagsorganisation: Informationsaustausch	99%	0%	12%	24%	81%
	Kontaktpflege	4%	28%	63%	4%	28%
	Kontrolle	3%	4%	10%	3%	2%
Objektorientierter Nutzungsaspekt	Nutzungsmodus: Telefonie	100%	100%	100%	36%	60%
	Nutzungsmodus: Sonstige Funktionalitäten	0%	1%	2%	99%	81%
	Handy farbe — grau, silber, schwarz	93%	82%	86%	75%	2%
	Handy farbe — sonstige Farbe	5%	15%	11%	23%	
	Handy farbe — nicht erkennbar	1%	3%	3%	3%	
	Hand-ling — sichtbar	14%	16%	19%	21%	1%
	Hand-ling — nicht sichtbar	27%	37%	29%	32%	
	Hand-ling — sonstiges	7%	3%	5%	3%	
	Hand-ling — nicht erkennbar	51%	44%	47%	44%	
Relative Größe der Cluster		34%	31%	30%	5%	

Cluster 2: Telefonische Koordination (N2)

Carrie ruft Miranda auf ihrem pinken Handy an. Sie vereinbaren, am kommenden Tag gemeinsam Mittag zu essen.

Die Handygespräche dienen der Koordination. Auch hier sind die Geräte am wahrscheinlichsten farblich dezent im Spektrum grau/silber/schwarz gestaltet, jedoch ist die Wahrscheinlichkeit eines bunten Handys mit 15% in diesem Cluster höher als in Cluster 1 und 3. Wenn erkennbar, so ist das Handling wiederum am wahrscheinlichsten diskret/nicht sichtbar.

Cluster 3: Telefonische Kontaktpflege (N3)

Gail ruft ihren Sohn Dawson, der weit von ihr entfernt in Kalifornien studiert, auf dessen Handy an. Zunächst will sie genau wissen, wo er sich gerade befindet und was er gerade tut. Dann erzählt sie ihm von den Fortschritten seiner kleinen Schwester in der Schule. Dawson berichtet seinerseits von einer Party die er am Vortag besucht hat und einer Studentin, die er dort kennengelernt hat.

Das Mobiltelefon wird am wahrscheinlichsten zur Kontaktpflege genutzt. Dabei kommt mit einer Wahrscheinlichkeit von 10% – der höchsten Ausprägungswahrscheinlichkeit dieses Aspekts in allen Clustern – auch der Kontrollaspekt zum Tragen. Wie bei allen anderen Clustern sind die Geräte auch hier am wahrscheinlichsten grau, silber oder schwarz und werden auch hier am wahrscheinlichsten diskret an einem verdeckten Ort getragen.

Cluster 4: Nutzung sonstiger Funktionalitäten (N4)

> Gabi Zenker sitzt am Bahnhof und wartet auf den Zug. Sie nimmt ihr blaues Handy aus der Tasche und schickt ihrem Mann eine SMS, um ihm mitzuteilen, dass ihr Zug verspätet ist.

Es werden andere Funktionen als Telefonie – vornehmlich Textnachrichten – genutzt. Am wahrscheinlichsten dient diese Nutzung dem Zeitvertreib und/oder der Alltagsorganisation. Dabei findet sich, im Vergleich zu den drei anderen Clustern, die höchste Ausprägungswahrscheinlichkeit eines bunten Handys.

7.3.1.3   Motivationale Aspekte der Nutzungscluster

Im Folgenden sollen die motivationalen Aspekte betrachtet werden, die die identifizierten Nutzungsmuster begleiten und entscheidenden Einfluss auf eine mögliche Nachahmung der gezeigten Verhaltensmuster durch den Zuschauer haben (vgl. 3.3.4). Hierzu wird jeder einzelne Fall in denjenigen Cluster eingeordnet, dem er mit größter Wahrscheinlichkeit zugehört. Der Klassifizierungsfehler, d.h. der Anteil der Fälle, die dabei falsch klassifiziert werden, liegt bei der hier gewählten Vier-Cluster-Lösung bei 3,6%.

7.3.1.3.1   Identifikationspotential: Ähnlichkeit

Telefonische Alltagsorganisation wird signifikant häufiger von Männern ausgeführt, als von Frauen. Die drei anderen Nutzungsmuster gehen hingegen zumeist von weiblichen Akteuren aus. Am deutlichsten ist diese Dominanz weiblicher Akteure bei der Nutzung sonstiger Funktionalitäten (vgl. Tabelle 23). Somit liefern die Fernsehserien deutlich unterschiedliche, stereotype Nutzungsmuster als Identifikationsangebote für Männer und Frauen.

Hinsichtlich der Lebensphasen ergeben sich dagegen keine signifikanten Unterschiede zwischen den Nutzungsclustern. Alle Nutzungsmuster werden gleichermaßen von jugendlichen und erwachsenen Akteuren ausgeführt. Ältere Erwachsene spielen, wie bereits in Kapitel 7.2.4.3 gezeigt, kaum eine Rolle (vgl. Tabelle 24).

Tabelle 23: Geschlecht der Nutzer der Nutzungscluster

	Männlich	Weiblich
N1: Telefonische Alltagsorganisation (n= 267)	65%	35%
N2: Telefonische Koordination (n= 242)	45%	55%
N3: Telefonische Kontaktpflege (n= 238)	37%	63%
N4: Nutzung sonstiger Funktionalitäten (n= 33)	30%	70%
Gesamt (n= 780)	49%	51%

Pearsons χ^2=46,7***; *** p<0,001

Tabelle 24: Lebensphase der Nutzer der Nutzungscluster

	Jugendliche	Erwachsene	Ältere Erwachsene
N1: Telefonische Alltagsorganisation (n= 267)	42%	55%	3%
N2: Telefonische Koordination (n= 242)	48%	50%	2%
N3: Telefonische Kontaktpflege (n= 238)	55%	43%	3%
N4: Nutzung sonstiger Funktionalitäten (n= 33)	48%	52%	0%
Gesamt (n= 780)	48%	50%	3%

Pearsons χ^2=10,1; n.s.

7.3.1.3.2   Erfolg

Wie bereits in Kapitel 7.2.4.1 ausgeführt, wird der Großteil der in den Fernsehserien beobachtbaren Handynutzung als erfolgreich dargestellt. Die beiden All-
tagskoordinations-Nutzungsmuster telefonische Alltagsorganisation und telefo-

nische Koordination erweisen sich dabei als signifikant überdurchschnittlich erfolgreich. Telefonische Kontaktpflege und die Nutzung sonstiger Funktionalitäten bleiben dagegen unterdurchschnittlich erfolgreich (vgl. Tabelle 25). Damit ist insbesondere eine Nachahmung von Alltagskoordinations-Nutzungsmustern durch den Zuschauer wahrscheinlich.

Tabelle 25: Erfolg der Nutzungscluster

	Ziel wird erreicht	Ambiva-lent	Ziel wird nicht erreicht	Nicht erkennbar
N1: Telefonische Alltagsorganisation (n= 289)	68%	11%	13%	8%
N2: Telefonische Koordination (n= 265)	71%	9%	11%	9%
N3: Telefonische Kontaktpflege (n= 254)	52%	10%	19%	19%
N4: Nutzung sonstiger Funktionalitäten (n= 39)	59%	3%	10%	28%
Gesamt (n= 847)	64%	10%	14%	12%

Pearsons $\chi^2=43,2$***; ***p<0,001

7.3.1.3.3   Verstärkung bzw. Bestrafung der Nutzungsmuster

Eine explizite Verstärkung oder Bestrafung der beobachtbaren Nutzungsmuster findet sich eher selten (vgl. auch Kapitel 7.2.4.2). Liegt jedoch eine derartige vor, so wird deutlich häufiger getadelt als gelobt. Am deutlichsten wird – negativ oder ambivalent – im Hinblick auf die Nutzung sonstiger Funktionalitäten Stellung bezogen. Telefonische Koordination ist das am häufigsten verstärkte Nutzungsmuster, jedoch wird es gleichzeitig häufiger getadelt als gelobt (vgl. Tabelle 26). Hinsichtlich der stellvertretenden Verstärkung muss somit von einer eher geringen Wirkung der modellierten Nutzungsmuster auf die Rezipienten ausgegangen werden.

Tabelle 26: Verstärkung bzw. Bestrafung der Nutzungsmuster

	Lob	Ambivalent	Tadel	Kein Lob oder Tadel
C1: Telefonische Alltagsorganisation (n= 69)	0%	3%	28%	70%
C2: Telefonische Koordination (n= 44)	11%	0%	16%	73%
C3: Telefonische Kontaktpflege (n= 51)	4%	4%	25%	67%
C4: Nutzung sonstiger Funktionalitäten (n= 10)	0%	20%	20%	60%
Gesamt (n= 174)	4%	3%	24%	69%

χ^2-Test nicht zulässig, da in 56% der Zellen die erwartete Häufigkeit kleiner als 5 ist.

7.3.1.4 Verteilung der Nutzungscluster auf die Serientypen

Während in den US-Serien die drei Telefonie-Nutzungsmuster etwa gleichhäufig zu beobachten sind, dominiert in der Lindenstraße klar die telefonische Alltagsorganisation. Telefonische Kontaktpflege lässt sich in der deutschen Produktion signifikant seltener beobachten als in den US-Produktionen. Eine Nutzung sonstiger Funktionalitäten sieht der Zuschauer hingegen häufiger in der Lindenstraße, als in den US-Serien. (vgl. Tabelle 27).

Tabelle 27: Nutzungscluster nach Serientyp

	Lindenstraße (n=129)	US-Serien (n=717)	Gesamt (N=846)
N1: Telefonische Alltagsorganisation	41%	33%	34%
N2: Telefonische Koordination	33%	31%	31%
N3: Telefonische Kontaktpflege	18%	32%	30%
N4: Nutzung sonstiger Funktionalitäten	8%	4%	5%

Pearsons χ^2=14,9**; **p<0,01

7.3.1.5   Nutzungscluster im Zeitverlauf

Telefonische Alltagsorganisation, telefonische Kontaktpflege und telefonische
Koordination machen seit 2000 jeweils etwa ein Drittel der beobachtbaren Nutzungssituationen aus. Dabei hält sich der Anteil der telefonischen Kontaktpflege
bis 2006 überwiegend konstant. Telefonische Alltagsorganisation weist dagegen
insgesamt einen leichten Abwärtstrend auf. Eine Nutzung sonstiger Funktionalitäten lässt sich erst ab 2003 beobachten, der Anteil dieses Nutzungsmusters
bleibt jedoch gering (vgl. Abbildung 56).

Abbildung 56: Nutzungscluster im Zeitverlauf

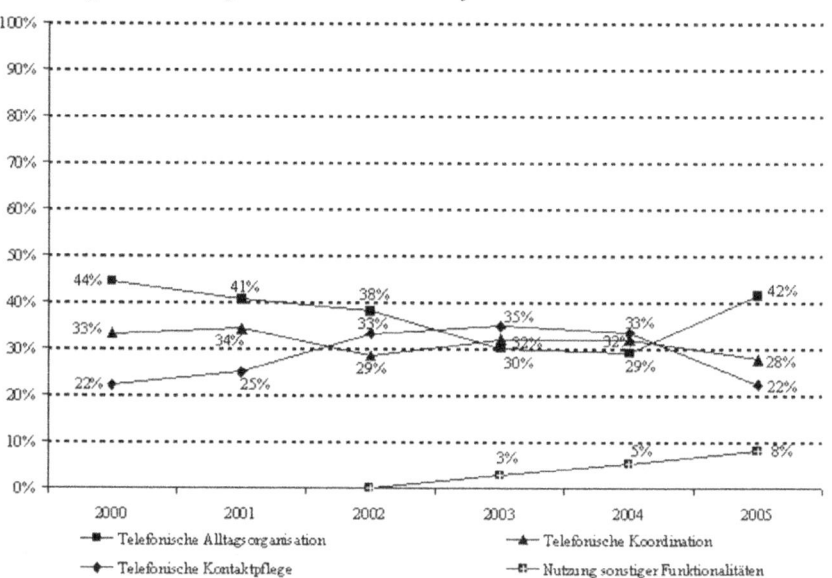

In den symbolischen Modellen der Lindenstraße zeigen sich – bedingt durch die
deutlich geringeren Fallzahlen – starke Schwankungen im Auftreten der verschiedenen Nutzungsmuster. Zwischen 2000 und 2002 dominiert die telefonische Alltagsorganisation, der Anteil der telefonischen Kontaktpflege geht in dieser Zeit zurück und telefonische Koordination macht in dieser Phase konstant
etwa ein Drittel der Nutzungssituationen aus. Ab 2004 ändert sich das Bild
durch das Aufkommen sonstiger Nutzungsweisen: Deren Anteil steigt rapide an,
während telefonischen Alltagsorganisation anteilsmäßig zurückgeht (vgl.
Abbildung 57).

Abbildung 57: Nutzungscluster im Zeitverlauf (Lindenstraße)

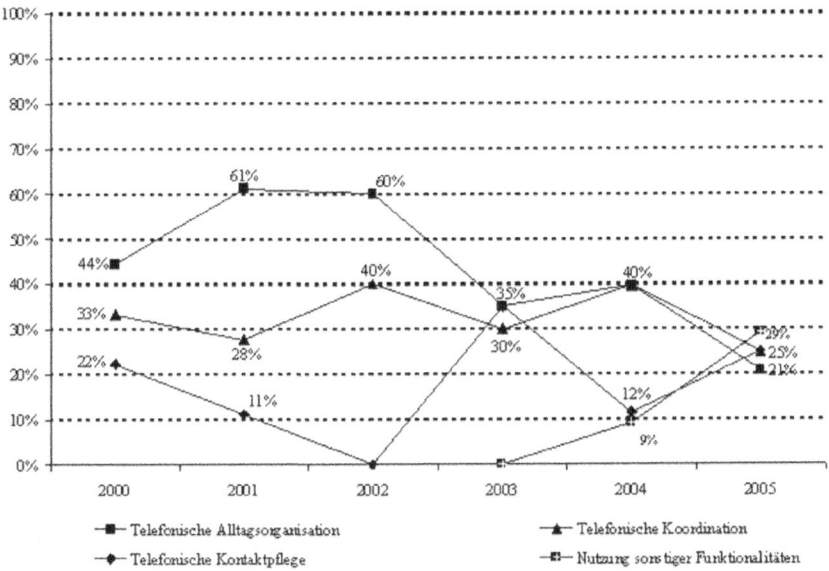

Abbildung 58: Nutzungscluster im Zeitverlauf (US-Serien)

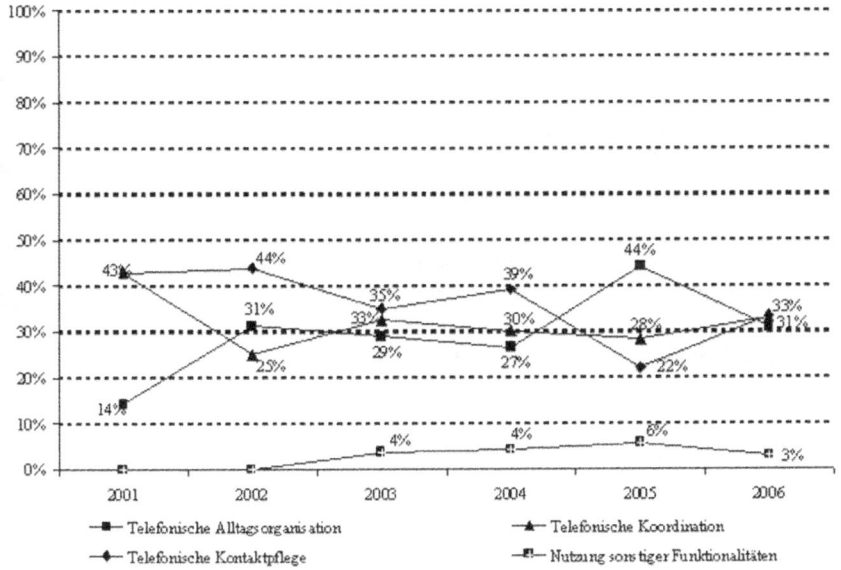

Anhand der US-Serien zeigt sich ein etwas anderes Bild. Insgesamt machen hier die telefonischen Nutzungsmuster über den gesamten Untersuchungszeitraum hinweg jeweils etwa ein Drittel der Nutzungssituationen aus. Dabei lässt sich für den Anteil der telefonischen Kontaktpflege übergreifend ein Abwärtstrend erkennen, während der Anteil der telefonischen Alltagsorganisation alles in allem leicht ansteigt. Telefonische Koordination bleibt auch in den US-Serien über den gesamten Analysezeitraum hinweg auf konstantem Niveau und die Nutzung sonstiger Funktionalitäten wird erstmals 2003 ein Thema, wobei ihr Anteil über den gesamten Untersuchungszeitraum hinweg 10% nie übersteigt und damit vergleichsweise gering ausfällt (vgl. Abbildung 58).

7.3.2   Muster der Metakommunikation II

7.3.2.1   Clusterbildung

Ebenso wie bei der Identifikation der Nutzungsmuster stellt sich auch bei der Metakommunikation II zunächst die Frage, welche Variablen in die Klassenbildung einbezogen werden sollen. Davon ausgehend, dass a) eine große Zahl einbezogener Variablen bei der LCA – genauso wie bei der klassischen Clusteranalyse (vgl. u.a. Speece 1994) – problematisch ist (vgl. Eid et al. 2003) und b) im Rahmen der vorliegenden Untersuchung eine Vielzahl von Einzelaspekten der Metakommunikation II erhoben wurde, muss zunächst eine Verdichtung der Variablen erfolgen. Im Allgemeinen wird vorgeschlagen die einbezogenen Variablen mittels einer explorativen Faktorenanalyse zusammenzufassen (vgl. Büschken & von Thaden 1999). Im vorliegenden Fall ist jedoch eine theoriegeleitete Verdichtung anhand der Dimensionen des MPA III möglich, der hier der Vorzug gegeben wird und derzufolge folgende verdichtete Variablen in die Analyse latenter Klassen einbezogen werden können:

- Objektorientierter Nutzungsaspekt III: Nutzungsmodus
- Objektorientierter Nutzungsaspekt III: Handling und Gestaltung des Mobiltelefons
- Funktionaler Nutzungsaspekt III
- Normaspekt III
- Restriktionsaspekt III

Tabelle 28: Likelihood-Ratio (inkl. Bootstrap), Cressie-Read, Pearsons χ^2 und Bayesian Information Criterion (BIC) für die Ein- bis Zehn-Cluster-Lösungen

	Likelihood-Ratio		Cressie-Read		Pearsons χ^2		BIC
	p-Wert	p-Wert (Bootstrap)		p-Wert		p-Wert	p-Wert
1-Cluster	147	0,00	0,00	181	0,0	225	0,0	2439
2-Cluster	78	0,00	0,00	72	0,0	71	0,0	2408
3-Cluster	22	0,09	0,03	19	0,15	19	0,16	2389
4-Cluster	9	0,38	0,32	8	0,46	8	0,46	2414
5-Cluster	5	0,07	0,31	4	0,14	4	0,16	2448
6-Cluster	5	-	-	4	-	3	-	2485
7-Cluster	3	-	-	2	-	2	-	2521
8-Cluster	1	-	-	1	-	1	-	2558
9-Cluster	2	-	-	1	-	1	-	2596
10-Cluster	2	-	-	1	-	1	-	2634

Da auch bei der Metakommunikation II die Zahl der Klassen nicht im Vorhinein bekannt war, wurden für die 549 handybezogenen Aussagen der fiktionalen Akteure zunächst die Ein- bis Zehn-Cluster-Lösungen berechnet und anhand der Kennwerte Likelihood-Ratio (inkl. Bootstrapping), Cressie-Read und Pearsons χ^2 beurteilt. Sowohl der Likelihood-Ratio-Test als auch Cressie-Read und Pearsons χ^2 weisen die Drei- bis Fünf-Cluster-Lösungen als nicht signifikant aus. Überprüft man diese drei Lösungen anhand des Bootstrappings, so reduzieren sich die möglichen Lösungen auf die Vier- und Fünf-Cluster-Lösung. Die Vier-Cluster-Lösung erweist sich dabei anhand des BIC als sparsamere Lösung und stellt demnach das bessere Modell (vgl. Tabelle 28).

7.3.2.2   Interpretation der Metakommunikations-II-Cluster

Ebenso wie die Nutzungsmuster werden im Folgenden auch die Muster der Metakommunikation II anhand ihrer mittleren Ausprägungswahrscheinlichkeiten interpretiert (vgl. Tabelle 29).

Cluster 1: Aussagen zum Zweck der Nutzung (M1)

„Ich rufe schnell Marion auf ihrem Handy an und frage sie, wann sie kommt."

Aussagen wie diese sprechen nahezu sicher den konkret genutzten oder auch zu nutzenden Nutzungsmodus an, zudem wird mit hoher Wahrscheinlichkeit (91%) auch der Zweck der Handynutzung, d.h. der funktionale Nutzungsaspekt III thematisiert.

Cluster 2: Aussagen zu Nutzungshindernissen (M2)

„Ich wollte Dir vorhin eine SMS schicken, aber mein Akku war leer."
„Ich hab' dich vorhin auf dem Handy angerufen."

Diese Aussagen sprechen stets – und teilweise auch isoliert – die einzelne Funktionalität des Mobiltelefons an. Dies ist mit einer Wahrscheinlichkeit von 34% ebenfalls mit einem Hinweis auf Restriktionen der Nutzung verbunden.

Cluster 3: Aussagen zu Nutzungsnormen (M3)

„Hör bitte auf, während des Essens ständig nachzusehen, ob du eine SMS bekommen hast."

Auch derartige Aussagen beinhalten beinahe immer den Nutzungsmodus sowie sehr wahrscheinlich auch einen Hinweis auf soziale Normen der Handynutzung.

Cluster 4: Aussagen zu Gestaltung und Handling des Mobiltelefons (M4)

„Ist der Klingelton neu?"

Hier werden von allen identifizierten Clustern am wahrscheinlichsten Aspekte des Handlings und der Gestaltung des Mobiltelefons angesprochen. Ebenfalls im Unterschied zu den drei anderen Clustern ist dabei die Wahrscheinlichkeit mit der der Nutzungsmodus thematisiert wird am geringsten.

Tabelle 29: Mittlere Ausprägungswahrscheinlichkeiten und erklärte Varianz der klassifizierten Variablen sowie relative Größe der Cluster der Vier-Cluster-Lösung

	M 1	M 2	M 3	M 4	R^2
Objektorientierter Nutzungsaspekt III: Nutzungsmodus	98%	100%	96%	39%	41%
Objektorientierter Nutzungsaspekt III: Handling und Gestaltung des Handys	4%	11%	0%	68%	32%
Funktionaler Nutzungsaspekt III	91%	2%	1%	1%	83%
Normaspekte III	10%	0%	70%	4%	46%
Restriktionsaspekte III	16%	34%	5%	4%	9%
Relative Clustergröße	40%	29%	23%	7%	

7.3.2.3 Motivationale Faktoren in den Metakommunikations-II-Clustern

Um die vier Muster der Metakommunikation II hinsichtlich der sie begleitenden motivationalen Aspekte untersuchen zu können, wurde jeder Fall – analog zur Untersuchung der Nutzungsmuster – demjenigen Cluster zugeordnet, dem er mit der größten Wahrscheinlichkeit zugehört. Der Klassifizierungsfehler, der dabei begangen wird, liegt bei 14,1%.

7.3.2.3.1 Identifikationspotential: Ähnlichkeit

Hinsichtlich des Geschlechts der Aussageträger lassen sich nur geringe Unterschiede zwischen den vier identifizierten Mustern der Metakommunikation II feststellen. Einzig Aussagen zu Nutzungsnormen sowie der Gestaltung und dem Handling des Mobiltelefons gehen etwas häufiger von Frauen aus. Diese Unterschiede sind jedoch nicht signifikant (vgl. Tabelle 30).

Tabelle 30: Geschlecht der Aussageträger der Metakommunikations-II-Cluster

	Männlich	Weiblich
M1: ...Zweck der Nutzung (n=206)	53%	47%
M2: ...Nutzungshindernisse (n=242)	51%	49%
M3: ...Nutzungsnormen (n=93)	40%	60%
M4: ...Gestaltung und Handling (n=26)	33%	67%
Gesamt (n=549)	49%	51%

Pearsons χ^2=6,6; n.s.

Auch hinsichtlich der Lebensphase erweisen sich die Unterschiede als gering. Einzig auffällig, wenn auch nicht signifikant, erscheint der Umstand, dass Erwachsene sich leicht überdurchschnittlich häufig zu Nutzungsnormen äußern (vgl. Tabelle 31).

Tabelle 31: Lebensphase der Aussageträger der Metakommunikations-II-
Cluster

	Jugendliche	Erwachsene	Ältere Erwachsene
M1: ...Zweck der Nutzung (n=206)	43%	51%	7%
M2: ...Nutzungshindernisse (n=242)	39%	54%	7%
M3: ...Nutzungsnormen (n=93)	32%	63%	5%
M4: ...Gestaltung und Handling (n=26)	46%	46%	8%
Gesamt (n=549)	40%	54%	7%

Pearsons χ^2=4,7; n.s.

7.3.2.3.2   Verstärkung bzw. Bestrafung

Tabelle 32: Verstärkung bzw. Bestrafung in den Metakommunikations-II-
Clustern

	Lob/Ambivalent	Tadel	Kein Lob oder Tadel
M1: ...Zweck der Nutzung (n=206)	9%	18%	73%
M2: ...Nutzungshindernisse (n=242)	4%	15%	81%
M3: ...Nutzungsnormen (n=93)	10%	52%	38%
M4: ...Gestaltung und Handling (n=26)	8%	8%	85%
Gesamt (n=549)	7%	22%	71%

Pearsons χ^2=72,1***, ***p<0,001

Die Aussagen zu Nutzungsnormen werden deutlich häufiger explizit bewertet als andere, wobei es sich in der Mehrheit der Fälle um klare Tadel handelt. Aussagen der drei anderen Cluster werden dagegen in durchweg deutlich unter einem Drittel der Fälle gelobt oder getadelt. Dabei enthalten Aussagen zum Zweck der Nutzung und zu Nutzungshindernissen häufiger Tadel als Lob und Aussagen zu Gestaltung und Handling werden etwa gleich häufig gelobt und getadelt (vgl. Tabelle 32).

7.3.2.4   Metakommunikations-II-Cluster nach Serientypen

In der Lindenstraße finden sich am häufigsten und auch häufiger als in den US-Serien Aussagen zu Nutzungshindernissen. Der Zweck der Nutzung wird mit einem Anteil von 35% (Lindenstraße) bzw. 38% (US-Serien) in beiden Serientypen etwa gleich häufig angesprochen. Aussagen zu Nutzungsnormen bekommt der Zuschauer jedoch sehr viel öfter in den US-Serien zu hören und solche, die Gestaltung des Handys betreffend, machen in beiden Fällen den geringsten Anteil aus (Tabelle 33).

Tabelle 33: Metakommunikations-II-Cluster nach Serientyp

	Lindenstraße (n=122)	US-Serien (n=427)	Gesamt (N=549)
M1: ...Zweck der Nutzung	35%	38%	38%
M2: ...Nutzungshindernisse	52%	38%	41%
M3: ...Nutzungsnormen	7%	20%	17%
M4: ...Gestaltung und Handling	6%	4%	5%

Pearsons χ^2=13,5**, **p<0,01

7.3.2.5   Metakommunikations-II-Cluster im Zeitverlauf

Aussagen zu Nutzungshindernissen stellen über Lindenstraße und US-Serien insgesamt betrachtet die größte Gruppe der Metakommunikation II. Dabei handelt es sich mit hoher Wahrscheinlichkeit auch einzig um Kommentare bezüglich des Nutzungsmodus (vgl. Kapitel 7.3.2.2). Für den Anteil der Aussagen zum Nutzungszweck lässt sich bis 2004 ein deutlicher Rückgang sowie im Anschluss bis zum Ende des Untersuchungszeitraums ein Anstieg ablesen. Kommentare zu Gestaltung und Handling eines Mobiltelefons machen einen konstant geringen Anteil der Metakommunikation II aus und solche zu Nutzungsnormer bekommt der Zuschauer erstmals 2001 zu Gehör. Dabei steigt deren Anteil zunächst noch an, fällt ab 2004 jedoch wieder (vgl. Abbildung 59).

Abbildung 59: Metakommunikations-II-Cluster im Zeitverlauf

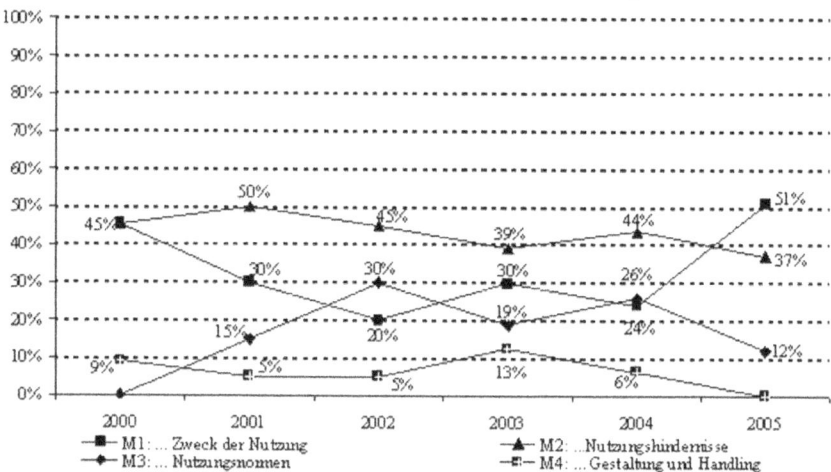

Abbildung 60: Metakommunikations-II-Cluster im Zeitverlauf (Lindenstraße)

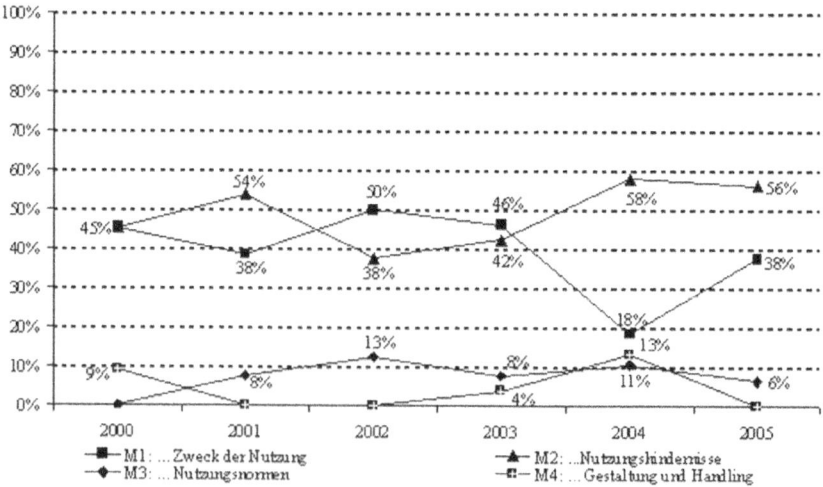

Ein solcher Verlauf findet sich weitgehend analog auch bei isolierter Betrachtung der Lindenstraße wieder. Jedoch steigt der Anteil von normbezogenen Aussagen hier zwischen 2002 und 2004 nicht so deutlich an, wie dies bei den US-Serien der Fall ist (vgl. Abbildung 60).

Abbildung 61: Metakommunikations-II-Cluster im Zeitverlauf (US-Serien)

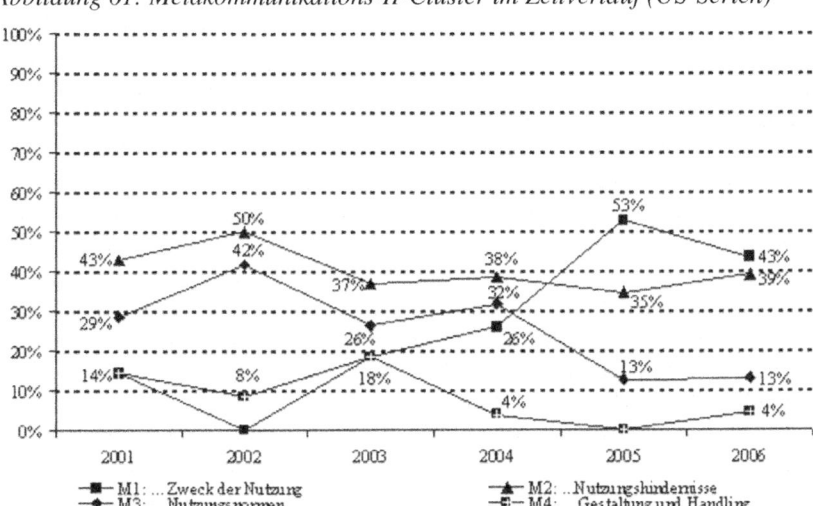

Die Metakommunikation II in den US-Serien weicht davon ab: Zwar dominieren auch hier zunächst die Aussagen zu Nutzungshindernissen bzw. reine Kommentare des Nutzungsmodus. Jedoch werden Aussagen zum Nutzungszweck im Laufe der Zeit immer häufiger und machen ab 2005 sogar die größte Gruppe der Metakommunikations-II-Aussagen aus. Der Anteil der Äußerungen mit Nutzungsnormenbezug steigt zunächst bis 2002, verliert danach jedoch wieder deutlich. Gleiches gilt für Kommentare zu Handling und Gestaltung des Mobiltelefons, wenn auch auf niedrigerem Niveau. (vgl. Abbildung 61).

7.3.3   Zusammenfassung: Muster der Handyaneignung 2. Ordnung

Ebenso wie sich reale Handynutzungsmuster als Endpunkte des Aneignungsprozesses 1. Ordnung identifizieren lassen (vgl. Kapitel 2.2.4.2), können auch im Rahmen des untersuchten Aneignungsprozesses 2. Ordnung *vier Nutzungsmuster* beobachtet werden: telefonische Alltagsorganisation, telefonische Koordination, telefonische Kontaktpflege und Nutzung sonstiger Funktionalitäten. Somit zeigt sich zunächst, dass eine Spiegelung des MPA-Modells in der Dimension der Metakommunikation prinzipiell dazu geeignet ist, zumindest Teilbereiche der Metakommunikation I zu beschreiben[46].

Des Weiteren lässt sich festhalten, dass die Nutzungsmuster der fiktionalen Akteure hauptsächlich durch *Unterschiede im funktionalen Nutzungsaspekt II* sowie im *Nutzungsmodus* begründet sind. Im Gegensatz zu den Nutzungsmustern realer Handynutzer, die sich ihrerseits deutlich anhand des objektorientierten Nutzungsaspekts I unterscheiden (vgl. Kapitel 2.2.4.2), spielen Gestaltung und Handling hier nur eine geringe Rolle. Der Grund dafür ist, dass Mobiltelefone in den untersuchten Fernsehserien weitgehend einheitlich als diskret hinsichtlich Gestaltung und Handling dargestellt werden (vgl. Kapitel 7.2.2).

Die drei Telefonie-Nutzungsmuster – telefonische Alltagsorganisation, telefonische Koordination und telefonische Kontaktpflege – lassen sich in beiden *Serientypen* beobachten. Während sie in den US-Serien zu etwa gleichen Anteilen auftreten, dominieren in der Lindenstraße jedoch die Nutzungsmuster der Alltagsorganisation – telefonische Alltagsorganisation und telefonische Koordination. Eine Nutzung sonstiger Funktionalitäten tritt erstmals 2003 auf und macht auch in den nachfolgenden Jahren nur einen geringen Anteil der symbolischen Modelle der Handyaneignung aus.

Betrachtet man die identifizierten Nutzungsmuster anhand der begleitenden *motivationalen Faktoren*, so ergeben sich interessante Unterschiede:

Zum einen lässt sich eine weitgehend stereotype Zuordnung der Nutzungsmuster zu weiblichen und männlichen Akteuren beobachten. Während die naturgemäß eher knappen und faktenorientierten Handygespräche der telefonischen Alltagsorganisation signifikant häufiger von männlichen Akteuren ausgeführt werden, dominieren weibliche Akteure das beziehungspflegende und damit deutlich wortreichere Nutzungsmuster der telefonischen Kontaktpflege. Folglich kann davon ausgegangen werden, dass die symbolischen Modelle der Handyaneignung stereotype Handlungsmuster der Rezipienten verstärken.

Über diesen Umstand hinaus sind die Nutzungsmuster der Alltagsorganisation – telefonische Alltagsorganisation und telefonische Koordination – in den untersuchten Fernsehserien am erfolgreichsten. Folglich ist eine Nachahmung dieser Nutzungsmuster durch die Rezipienten am wahrscheinlichsten. Explizite Verstärkung und Bestrafung, die ihrerseits eine Nachahmung des entsprechenden Verhaltens stellvertretend verstärken oder bestrafen, erfahren alle vier Nutzungsmuster der fiktionalen Akteure jedoch nur in den seltensten Fällen.

---

46 An dieser Stelle sei noch einmal darauf hingewiesen, dass die Analyse latenter Klassen – im Gegensatz zur klassischen Clusteranalyse – eine Klassifizierung der Daten auch ablehnen könnte (vgl. Kapitel 6.6).

Klassifizierungsverfahren sind – im Rahmen des MPA II – nicht nur dazu geeignet den Aneignungsprozess hinsichtlich seiner Nutzungsmuster, sondern auch hinsichtlich der Metakommunikation zu beschreiben. Entsprechend lassen sich hinsichtlich der *Metakommunikation II* vier Klassen von Aussagen identifizieren: Aussagen zum Zweck der Nutzung, zu Nutzungshindernissen, zu Nutzungsnormen und zu Gestaltung und Handling des Mobiltelefons.

Betrachtet man die Muster der Metakommunikation II im Zeitverlauf, so lassen sich *zwei Phasen* beschreiben: In der ersten dominieren Aussagen zu Nutzungsnormen, d.h. es ist ein fiktionaler Prozess des Aushandelns dieser Normen beobachtbar, wie er auch für den Aneignungsprozess 1. Ordnung angenommen wird (vgl. Kapitel 2.2.3.2.3). In der zweiten Phase verlieren derartige Aussagen dann an Gewicht und solche zum Zweck der Nutzung treten in den Vordergrund.

8 Resümee

Wie wird das Mobiltelefon in fiktionalen, massenmedialen Inhalten dargestellt? Hat sich diese Darstellung im Laufe der Zeit, mit der Weiterentwicklung der Mobilkommunikation verändert? Und welche Schlussfolgerungen lassen sich hieraus auf das Wirkpotential massenmedialer Inhalte im individuellen Aneignungsprozess ziehen? Diese übergreifenden Fragen zu beantworten, war das eingangs dargelegte Ziel der vorliegenden Arbeit (vgl. Kapitel 1).

8.1 Relevanz der Fragestellung

Zunächst erweist sich hinsichtlich dieses Ziels das *Konzept der Handyaneignung* als hilfreich (vgl. Kapitel 2). Es beschäftigt sich grundlegend mit der Frage, wie das Mobiltelefon als technisches Innovationscluster seinen Weg in den Alltag der Nutzer findet. Um dieser nachzugehen, lassen sich zwei sehr unterschiedliche Forschungsparadigmen heranziehen: Zum einen das *Adoptionsparadigma* (vgl. Kapitel 2.1.1), in dessen Fokus die einzelne Adoptionsentscheidung steht und zum anderen das *Aneignungsparadigma* (vgl. Kapitel 2.1.2), das die Implementierung der Innovation in den Alltag der Nutzer betrachtet.

Basierend auf diesen beiden Forschungstraditionen entwickelten Wirth et al. (2007a, 2008) ihr *Mobile-Phone-Appropriation-Modell* (*MPA-Modell*; vgl. Kapitel 2.2). Dieses Modell basiert auf der – hinsichtlich der Alltagsintegration von Innovationen – dem Adoptionsparadigma zuzurechnenden Theory of Planned Behavior. Jedoch erweitern Wirth et al. (ebd.) diese um verschiedene Elemente, deren Relevanz sich vornehmlich aus Arbeiten ergibt, die in der Tradition des Aneignungsparadigmas entstanden sind. Demnach beschreibt das MPA-Modell auch solche Aspekte des Aneignungsprozesses, die in am Adoptionsparadigma orientierten Arbeiten unberücksichtigt bzw. dieser Forschungstradition verschlossen bleiben[47]:

---

[47] Gleichzeitig bleibt das MPA-Modell jedoch empirisch operationalisierbar, wie sich in der von von Pape et al. (in Druck) entwickelten MPA-Skala zeigt (vgl. Kapitel 2.2.4.1).

1. Das MPA-Modell fasst Aneignung als einen aktiven und kreativen Prozess, der in individuelle Nutzungs- und Bedeutungsmuster mündet.
2. Das MPA-Modell berücksichtigt den symbolischen Wert, den das Mobiltelefon und der Umgang damit für den Nutzer haben.
3. Das MPA-Modell bezieht die Wirkung von Kommunikation auf den Aneignungsprozess mit ein und bezeichnet ihn als Metakommunikation. Dabei wird sowohl interpersonaler als auch massenmedial vermittelter Metakommunikation Raum eingeräumt.

Mit dem letztgenannten Punkt legt das MPA-Modell einen Einfluss von über Massenmedien transportierten Inhalten auf den Aneignungsprozess an. Diesen differenzieren Wirth et al. (2007a, 2008) jedoch nicht weiter aus. Vielmehr postulieren sie lediglich, dass an dieser Stelle verschiedenste psychologische Prozesse, wie das Beobachtungslernen, beteiligt sein können. An diesem Punkt setzt die vorliegende Arbeit an, indem sie aufzeigt, welche Rolle die *sozialkognitive Lerntheorie* nach Bandura (1977) spielen kann, wenn es darum geht, den Bereich der Metakommunikation im MPA-Modell näher zu beschreiben.

Bandura (ebd.) stellt in seiner sozialkognitiven Lerntheorie die Möglichkeit des stellvertretenden Lernens anhand von Verhaltensmodellen dar, und sieht das stellvertretenden Lernen gleichzeitig durch verschiedene motivationale Aspekte unterstützt (vgl. Kapitel 3.3). Ihm (ebd.) zufolge können die dabei angesprochenen Verhaltensmodelle, ohne dass grundlegende Unterschiede in der Wirkung festzustellen wären, sowohl in der direkten Umgebung als auch medial vermittelt beobachtet werden. Die letztgenannte Variante bezeichnet Bandura (ebd.) in diesem Zusammenhang als *symbolische Modelle*. Und obwohl er dabei nicht weiter auf den Medienbegriff eingeht, kann aus seinen Ausführungen geschlossen werden, dass er Medien per se als Massenmedien begreift (vgl. Kapitel 3.4).

Vor dem Hintergrund des Forschungsanliegens beschränkt sich die vorliegende Arbeit auf den Bereich der fiktionalen Inhalte und definiert symbolische Modelle entsprechend als Verhaltensmodelle, die in fiktionalen, massenkommunikativen Inhalten vermittelt werden (vgl. Kapitel 3.4).

Den oben gemachten Ausführungen folgend, lässt sich der Einfluss der Nutzung des Mobiltelefons durch fiktionale Akteure (symbolische Modelle der Handyaneignung) auf den Rezipienten und Handynutzer sowohl anhand des MPA-Modells als auch anhand der sozialkognitiven Lerntheorie begründen. Bevor man diesem Einfluss jedoch empirisch nachgehen kann, gilt es zunächst, diese symbolischen Modelle der Handyaneignung empirisch zu untersuchen. Aus dieser notwendigen Vorleistung ergibt sich die Relevanz der vorliegenden Arbeit.

8.2 Theoretische Modellierung symbolischer Modelle der Handyaneignung und ihre Untersuchung

Symbolische Modelle der Handyaneignung lassen sich im MPA-Modell theoretisch in der Metakommunikation verorten. Gleichzeitig handelt es sich bei diesen modellierten Verhaltensweisen fiktionaler Akteure aber auch um (fiktionale) Aneignungsprozesse, die sich mit Hilfe des MPA-Modells beschreiben lassen. Somit spiegelt sich das MPA-Modell in der Dimension der Metakommunikation selbst. Darauf aufbauend lassen sich die folgenden verschiedenen *Ebenen des MPA-Modells* identifizieren (vgl. Kapitel 4.2.2):

- MPA-Modell 1. Ordnung (MPA I): Handyaneignung durch reale Individuen
- MPA-Modell 2. Ordnung (MPA II): Handyaneignung durch fiktionale Akteure
- MPA-Modell 3.Ordnung (MPA III): Aussagen fiktionaler Akteure zu Aspekten der Mobilkommunikation

Symbolische Modelle der Handyaneignung können demnach anhand der nachfolgenden *Aneignungsaspekte II und III* beschrieben werden (vgl. Kapitel 4.2.2):

- Objektorientierter Nutzungsaspekt II
- Funktionaler Nutzungsaspekt II
- Metakommunikation II
  - Objektorientierter Nutzungsaspekt III
  - Funktionaler Nutzungsaspekt III
  - Symbolischer Nutzungsaspekt III
  - Normaspekte III
  - Restriktionsaspekte III

Zudem erscheinen die folgenden *motivationalen Aspekte* der symbolischen Modelle relevant. Schließlich geben sie Aufschluss darüber, wie wahrscheinlich die Nachahmung eines modellierten Verhaltens durch den Rezipienten ist (vgl. Kapitel 4.2.2.4):

- Erfolg
- Verstärkung bzw. Bestrafung
- Identifikationspotential

Zur Untersuchung symbolischer Modelle der Handyaneignung anhand der genannten Aspekte wurde eine inhaltsanalytische Untersuchung von in Deutschland ausgestrahlten Fernsehserien durchgeführt (vgl. Kapitel 1). Dabei beschränkt sich die vorliegende Arbeit aufgrund verschiedener Überlegungen zur
Relevanz verschiedener Genres und Gattungen im Rahmen der sozialkognitiven
Lerntheorie auf die Untersuchung von Familienserien und wöchentlichen Soaps
(vgl. Kapitel 4.3).

8.3   Kernergebnisse

Insgesamt zeigen die Befunde, dass sich die Handynutzung zwischen 1996 und
2006 – leicht zeitverzögert zur realen Entwicklung – auch in der Welt der Familienserien und wöchentlichen Soaps etabliert hat. Dabei liefert die detaillierte
Untersuchung dessen, wie das Mobiltelefon in fiktionalen Inhalten dargestellt
wird, zum einen Erkenntnisse zur weiteren Ausdifferenzierung der Aneignungsforschung im Sinne des MPA-Modells und zum anderen Einblicke hinsichtlich
des Wirkpotentials solcher Darstellungen auf das Verhalten der Rezipienten.

8.3.1   Weiterentwicklung der MPA-Forschung

Zunächst ist festzuhalten, dass die Spiegelung des MPA-Modells in seiner Dimension der Metakommunikation dazu geeignet ist, Teile eben dieser Metakommunikation zu beschreiben. Schließlich lässt sich in den symbolischen Modellen
der Handyaneignung eine große Bandbreite an Aspekten des MPA II bzw. III
identifizieren.
    Um die Handynutzung fiktionaler Akteure zu beschreiben, erweist sich da-
rüber hinaus insbesondere der ausdifferenzierte Nutzungsbegriff des MPA-Modells als hilfreich. Ebenso wie Wirth et al. (2007b, vgl. Kapitel 2.2.4.2) Klassifizierungsverfahren verwenden, um anstelle der Dichotomie Nutzung vs. Nicht-
Nutzung ausdifferenzierte Handynutzungsmuster realer Personen – als Resultate
des Aneignungsprozesses 1. Ordnung – zu identifizieren, konnten auch im Rahmen der vorliegenden Arbeit Nutzungsmuster fiktionaler Akteure ermittelt werden, dies jedoch – anders als bei Wirth et al. (ebd.) – mittels der Analyse latenter Klassen. Die dabei ausgemachten Nutzungsmuster grenzen sich anhand des
funktionalen Nutzungsaspekts II sowie des Nutzungsmodus voneinander ab,
womit konkret die vier Nutzungscluster telefonische Alltagsorganisation, telefonische Koordination, telefonische Kontaktpflege und die Nutzung sonstiger
Funktionalitäten angesprochen sind.

Eine Betrachtung der Auftretenshäufigkeiten dieser Nutzungsmuster im Untersuchungsmaterial lässt Veränderungen im Zeitverlauf erkennen: Zu Beginn des Untersuchungszeitraums ab 1996 können über alle analysierten Serien hinweg zunächst nur die drei Telefonie-Nutzungsmuster beobachtet werden. Erst ab 2003 tritt die Nutzung sonstiger Funktionalitäten an deren Seite. Parallel dazu gewinnt auch das Nutzungsmuster der Telefonischen Kontaktpflege – insbesondere in den US-Serien – zunehmend an Bedeutung. Wie von Wirth et al. (2007a, 2008, vgl. Kapitel 2.2.3.4) bereits für den Aneignungsprozess 1. Ordnung angenommen, verändern sich damit auch im fiktionalen Aneignungsprozess 2. Ordnung im Laufe der Zeit – und insbesondere auch im Zuge der technischen Weiterentwicklung des Mobiltelefons und der Integration neuer Dienste in dieses Innovationsbündel – die Nutzungsweisen der fiktionalen Akteure.

Es zeigte sich zudem, dass neben den geschilderten Nutzungsmustern fiktionaler Akteure auch Metakommunikations-II-Muster identifiziert werden können[48], deren Aussagen sich auf jeweils einen Aspekt des MPA III konzentrieren. Im Einzelnen können die folgenden Aussagemuster identifiziert werden: Aussagen zum Nutzungszweck, zu Nutzungshindernissen, zu Nutzungsnormen sowie zu Handling und Gestaltung.

Ebenso wie bei den Nutzungsmustern lassen sich in den Fernsehserien auch hinsichtlich der Häufigkeit, mit der Metakommunikations-II-Muster im Laufe des Analysezeitraums auftreten, Veränderungen ausmachen. Aussagen zu Nutzungsnormen nehmen Anfang der 2000er Jahre zunächst – insbesondere in den US-Serien – zu. Damit wird in den fiktionalen Inhalten eine Hochphase des Aushandelns von Nutzungsnormen sichtbar, wie sie im Rahmen der Aneignungsforschung auch für reale Aneignungsprozesse beschrieben wird (vgl. Kapitel 2.1.2). 2004 endet diese Phase des Aushandelns und der Anteil der normbezogenen Aussagen geht zugunsten von Aussagen zum Zweck der Nutzung zurück. Dieser Entwicklungsverlauf zeigt, dass die wichtige Rolle der Metakommunikation als Forum für das soziale Aushandeln von Nutzungsnormen auch im fiktionalen Aneignungsprozess 2. Ordnung nachvollzogen werden kann. Gleichzeitig ist dabei aber auch festzustellen, dass die Metakommunikation II, im Gegensatz zu den Überlegungen von Wirth et al. (2005) zum Aneignungsprozess 1. Ordnung, nach der Phase des Aushandelns nicht geringer wird, sondern lediglich ihren Fokus verändert.

---

48 An dieser Stelle sei nochmals erwähnt, dass die Analyse latenter Klassen eine Klassifizierung der Daten auch ablehnen kann.

8.3.2 Wirkpotential symbolischer Modelle der Handyaneignung auf das Verhalten der Zuschauer

Zum größten Teil erreichen fiktionale Handynutzer ihre Ziele durch die Nutzung des Mobiltelefons. Auf Rezipientenebene führen solche erfolgreichen symbolischen Modelle mit großer Wahrscheinlichkeit dazu, dass für eine Nachahmung des modellierten Verhaltens positive Verhaltenskonsequenzen antizipiert werden (vgl. Kapitel 3.2.3 und 3.3.4), womit in weiterer Konsequenz auch eine Nachahmung der in den untersuchten Fernsehserien dargestellten symbolischen Modelle der Handyaneignung sehr wahrscheinlich wird.

Neben dem Erfolg wurden in der vorliegenden Arbeit auch die motivationalen Aspekte der Ähnlichkeit sowie der stellvertretenden Verstärkung und Bestrafung untersucht. Dabei tritt eine explizite Verstärkung bzw. Bestrafung der symbolischen Modelle der Handyaneignung lediglich in wenigen Einzelfällen auf. Entsprechend wird das Publikum nur in den seltensten Fällen durch eine entsprechende stellvertretende Verstärkung bzw. Bestrafung zur Nachahmung des modellierten Verhaltens animiert.

Was das Kriterium der Ähnlichkeit zwischen Zuschauer und fiktionalem Akteur betrifft, so ist zunächst grundlegend davon auszugehen, dass eine Nachahmung dargebotener Verhaltensweisen umso wahrscheinlicher wird, je höher das Identifikationspotential aus Sicht des Rezipienten ist (vgl. Kapitel 4.1.2).

Dabei zeigt sich, dass ältere Zuschauer in den Familienserien und wöchentlichen Soaps nur wenige Handynutzer in ihrer Lebensphase dargeboten bekommen und folglich auch nur wenig Identifikationspotential vorfinden. Diese Unterrepräsentation der Handynutzung älterer Menschen entspricht nicht der Bedeutung, die das Mobiltelefon in dieser Lebensphase hat: Zum einen liegen die realen Nutzerzahlen in dieser Altersgruppe deutlich höher als in den untersuchten Fernsehserien dargestellt (vgl. „Allensbacher Computer- und Technikanalyse" 2007). Zum anderen hat das Handy einer Studie von Karnowski et al. (2008) zufolge (vgl. Kapitel 2.2.2.3) nicht nur eine wichtige funktionale Bedeutung für ältere Erwachsene, sondern wird auch für den symbolischen Nutzens geschätzt, sich anhand der Handynutzung gegenüber der jüngeren Generation als fortschrittlich und aufgeschlossen präsentieren zu können. Eben diesem Motiv läuft der geringe Anteil älterer fiktionaler Handynutzer vollständig zuwider.

Zudem ist auch eine stereotype Geschlechterzuordnung der modellierten Verhaltensweisen zu beobachten: Die naturgemäß eher knappen und faktenorientierten Handygespräche der telefonischen Alltagsorganisation werden signifikant häufiger von männlichen Akteuren ausgeführt, während weibliche Akteure das beziehungspflegende und damit vermutlich deutlich wortreichere Nutzungsmuster der telefonischen Kontaktpflege dominieren. Folglich ist zu vermuten, dass Familienserien und wöchentliche Soaps entsprechende stereotype Verhaltensweisen ihrer Rezipienten verstärken.

Zu Beginn des Untersuchungszeitraums spielen Jugendliche als fiktionale Handynutzer noch eine geringe Rolle, womit zunächst von einer geringen Nachahmungswirkung der symbolischen Modelle auf Jugendliche auszugehen ist. Im Laufe des Analysezeitraums nimmt der Anteil jugendlicher Handynutzer in den untersuchten Fernsehserien jedoch immer weiter zu, bis sie zum Ende des Untersuchungszeitraums sogar die größte Nutzergruppe stellen. Aus diesem geballten Auftreten jugendlicher symbolischer Modelle Mitte der 2000er folgt die Annahme, dass zu diesem Zeitpunkt auch die Wirkung auf Jugendliche am größten ist. Dies wiederum lässt insbesondere die folgenden beiden Sachverhalte relevant erscheinen:

Wie bereits angesprochen, ist der dominierende Nutzungsmodus in den fiktionalen Nutzungsmustern die Telefonie. Dabei dominiert eindeutig die Nutzung zum Zweck der Alltagsorganisation, die grundsätzlich nicht nur die am häufigsten ausgeführten Nutzungsmuster beschreibt, sondern auch die anteilsmäßig am erfolgreichsten. Dementsprechend ist auch davon auszugehen, dass diese Nutzungsarten die größte Vorbildfunktion ausüben – insbesondere auf Jugendliche. Diese Vorbildfunktion der Familienserien und wöchentlichen Soaps ist angesichts der immer wiederkehrenden Debatte, um die aufdringliche und übermäßige Handynutzung von Jugendlichen (vgl. u.a. Heintel & Krainer 2001, Logemann & Feldhaus 2001) als positiv zu bewerten.

Neben diesen Befunden zeigt sich weiterhin, dass das Objekt Mobiltelefon in Fernsehserien überwiegend sehr zurückhaltend gestaltet präsentiert wird. Sowohl bunte Handys, andere Klingeltöne als ein Klingeln oder auch Handyschmuck lassen sich lediglich in Einzelfällen beobachten. Auch sind Gestaltung und Handling von Mobiltelefonen in den untersuchten Serien nur selten als Gesprächsthema zu finden. Ganz im Gegensatz dazu präsentiert sich der objektorientierte Nutzungsaspekt in der Realität bei weitem nicht so diskret ausgeprägt und wird dabei oftmals auch kontrovers diskutiert. Initiativen, die vor der Schuldenfalle Handy, oftmals bedingt durch Klingeltondownloads etc., warnen (vgl. u.a. Bundesministerium für Familie, Senioren, Frauen und Jugend 2007, Fangrath 2005, Thomas-Martin 2002), Befunde, die aufzeigen, dass Klingeltöne oftmals als störend empfunden werden (vgl. u.a. Döring 2002, Höflich 2001), sowie erste empirische Studien zum Aneignungsprozess I (vgl. Kapitel 2.2.4.2) dienen hier als anschauliche Beispiele. Behält man dies im Hinterkopf, so erscheint die objektorientierte Nutzung II des Mobiltelefons in den untersuchten Fernsehserien als ein zurückhaltendes Ideal mit Vorbildcharakter.

8.3.3   Methodische Einschränkungen

Wie einleitend ausgeführt wurde, war es das Ziel der vorliegenden Untersuchung einen ersten explorativen Einblick in den Bereich der massenmedial vermittelten Metakommunikation im Prozess der Handyaneignung im Allgemeinen sowie die konkrete Darstellung des Mobiltelefons in den Massenmedien im Besonderen zu liefern. Entsprechend unterliegt die Aussagekraft der vorliegenden Ergebnisse diversen Einschränkungen:

Aus verschiedenen Gründen (vgl. Kapitel 4.3) begrenzt sich die Untersuchung auf im deutschen Fernsehen ausgestrahlte Familienserien und wöchentliche Soaps. Damit kann diese Arbeit nicht den Anspruch erheben, generell Handynutzung in fiktionalen Inhalten abzubilden. Zudem handelt es sich bei den untersuchten Serien nicht um eine Zufallsstichprobe, sondern um eine bewusste Auswahl. Diese Maßnahme erweist sich zwar als effektiv und sinnvoll, um erste Einblicke in den Forschungsbereich zu gewinnen, eine Verallgemeinerung der Ergebnisse lässt sie aber selbstverständlich nicht zu.

Weiterhin erweist es sich im Hinblick auf das analysierte Material als problematisch, dass die US-Serien bis einschließlich 2006 untersucht werden konnten, während die Episoden der Lindenstraße nur bis Ende 2005 vorlagen (vgl. Kapitel 6.1.1). Folglich sind die US-Serien über ihre – bedingt durch das dort häufigere Auftreten handybezogener Verhaltensweisen – generelle Dominanz hinaus (vgl. Kapitel 7.1), künstlich überrepräsentiert, da entsprechende symbolische Modelle der Handyaneignung in der Lindenstraße aus dem Jahr 2006 nicht in die Untersuchung einfließen konnten (vgl. Kapitel 6.1.1).

Abschließend ist zu konstatieren, dass die vorliegende inhaltsanalytische Studie grundsätzlich keine Aussagen zur Wirkung der symbolischen Modelle der Handyaneignung auf den individuellen Aneignungsprozess des Rezipienten machen kann. Vielmehr lassen sich anhand der erhobenen motivationalen Aspekte der symbolischen Modelle und auf Basis vorangegangener Forschung (vgl. Kapitel 4.1.2) nur Vermutungen über das Wirkpotential verschiedener symbolischer Modelle der Handyaneignung auf unterschiedliche Zuschauergruppen aufstellen.

Das eigentliche Ziel der Untersuchung war es jedoch, diese symbolischen Modelle zunächst in einem ersten Schritt zu beschreiben. Dies wurde erreicht und damit zukünftiger Forschung ein Fundament hergestellt, um die konkreten Einflüsse, die diese Modelle auf den individuellen Aneignungsprozess nehmen, untersuchen zu können.

8.4 Ausblick

Metakommunikation stellt bisher den am wenigsten ausdifferenzierten Bereich des MPA-Modells dar (vgl. Kapitel 2.2.3.5). Auch die vorliegende Arbeit konnte nur einen ersten explorativen Blick auf diesen Gegenstand werfen, so dass viel Raum für weitere Forschung bleibt.

Während sich diese Arbeit auf das Genre der Familienserien und wöchentlichen Soaps beschränkt, müssen entsprechende symbolische Modelle in einem nächsten Schritt auch in anderen massenkommunikativen Inhalten identifiziert werden, um zu einem breiteren Bild der massenmedial vermittelten Metakommunikation gelangen zu können. Damit sind insbesondere auch nonfiktionale Inhalte sowie Werbung angesprochen, die vermutlich eine ebenso bedeutende Rolle im Aneignungsprozess spielen.

Weiterhin gilt es die konkreten Einflüsse massenmedialer Angebote auf den individuellen Aneignungsprozess zu untersuchen. Zum einen könnte dies experimentell geschehen, zum anderen erscheint eine Verknüpfung inhaltsanalytischer Daten zur Darstellung des Mobiltelefons in den Massenmedien – wie in der vorliegenden Studie erhoben – mit anhand der MPA-Skala erhobenen Befragungsdaten zum individuellen Aneignungsprozess sowie der individuellen Mediennutzung denkbar.

Neben einer derart ausdifferenzierten Betrachtung der massenmedial vermittelten Metakommunikation gilt es auch, einen genaueren Blick auf die interpersonale Metakommunikation zu werfen. Dabei stellt sich u.a. die Frage, inwieweit sich die hier erzielten Ergebnisse zur Metakommunikation II auch in der interpersonalen Metakommunikation I wiederfinden lassen: Lässt sich in der interpersonalen Metakommunikation auch quantitativ eine Phase des Aushandelns von Nutzungsnormen identifizieren? Geht der Umfang der Metakommunikation tatsächlich nicht zurück, sondern ändert nur seinen Fokus?

Um all diese Bereiche der Metakommunikation zukünftig beleuchten zu können, ist die Integration weiterer psychologischer Prozesse in das Konzept der Metakommunikation hilfreich. Mit der Integration der sozialkognitiven Lerntheorie konnte die vorliegende Arbeit nur einen Teil der Metakommunikation abdecken. Es bleibt künftiger Forschung vorbehalten, weitere theoretische Konzepte, wie z. B. Persuasion oder Management of Uncertainty, in das MPA-Modell zu integrieren, und so den Einfluss, den die Metakommunikation im individuellen Aneignungsprozess nimmt, weiter auszudifferenzieren (vgl. Kapitel 2.2.3.5.2)

Literatur

Agar, J. (2003). *Constant touch. A global history of the mobile phone.* Cambridge, UK: Icon Books.

Ahnengalerie: Die Aussteiger der Lindenstraße. (o.J.). [WWW Dokument] http://www. Lindenstrasse.de/Lindenstrasse/Lindenstrassecms.nsf/flashindex?openframeset (14.12.2006).

Ahnengalerie: Die Toten der Lindenstraße. (o.J.). [WWW Dokument] http://www.Lindenstrasse.de/Lindenstrasse/Lindenstrassecms.nsf/flashindex?openframeset (14.12.2006).

Ajzen, I. (1985). From intentions to actions: A theory of planned behavior. In J. Kuhl & J. Beckman (Hrsg.), *Action-control: From cognition to behavior* (S. 11-39). Heidelberg: Springer.

Ajzen, I. (2005). *Attitudes, personality, and behaviour (2. Auflage).* Milton-Keynes, UK: Open University Press / McGraw-Hill.

Ajzen, I. (2007). *The theory of planned behavior: A bibliography.* [WWW Dokument] http://www.people.umass.edu/aizen/tpbrefs.html (02.11.2007).

Akers, R. (1985). *Deviant behavior: A social learning approach.* Belmont: Wadsworth

Allensbacher Computer- und Technikanalyse (2007). [WWW Dokument] http:// www.izmf.de/html/de/46274.html (25.01.08).

Anderson, W.H. & Williams, B.M. (1983). TV and the black child: What black children say about the shows they watch. *The Journal of Black Psychology, 9,* 2, 27-42.

Andreß, H.-J., Haagenars, J. A. & Kühnel, S. (1997). *Analyse von Tabellen und kategorialen Daten: Loglineare Modelle, latente Klassenanalyse, logistische Regression und GSK-Ansatz.* Berlin: Springer.

Androutsopoulos, J. & Schmidt, G. (2002). SMS-Kommunikation: Ethnografische Gattungsanalyse am Beispiel einer Kleingruppe. *Zeitschrift für angewandte Linguistik,* Heft 36, 49-80.

Atkin, C. & Heald, G. (1977). The content of children's food and toy commercials. *Journal of Communication, 27,* 4, 107-114.

Bailey, A. A. (2006). A year in the life of the african-american male in advertising. *Journal of Advertising, 35,* 1, 83-104.

Bandura, A. (1965). Influence of models' reinforcement contingencies on the acquisition of imitative responses. *Journal of Personality and Social Pschology, 1,* 6, 589-595.

Bandura, A. (1977). *Social learning theory.* Englewood Cliffs, NJ: Prentice-Hall.

Bandura, A. (1986). *Social foundations of thought and action. A social cognitive theory.* Upper Saddle River NJ: Prentice Hall.

Bandura, A. (2001a). Social cognitive theory of mass communication. *Media Psychology, 3,* 3, 265-299.

Bandura, A. (2001b). Social cognitive theory: An agentic perspective. *Annual Review of Psychology, 52,* 1-26.

Bandura, A., Ross, D. & Ross, S. (1961). Transmission of aggression through imitation of aggressive models. *Journal of Abnormal and Social Psychology, 63,* 3, 575-582.

Bandura, A., Ross, D. & Ross, S. (1963a). Imitation of film-mediated aggressiv models. *Journal of Abnormal and Social Psychology, 66,* 1, 3-11.

Bandura, A., Ross, D. & Ross, S. (1963b). Vicarious reinforcement and imitative learning. *Journal of Abnormal and Social Psychology, 67,* 6, 601-607.

Bandura, A. & Walters, R. (1963). *Social learning and personality development*. New York: Holt, Rinehart & Winston.

Bang, H.-K. & Reece, B. B. (2003). Minorities in children's television commercials: New, improved, and stereotyped. *The Journal of Consumer Affairs, 37*, 1, 42-67.

Baranowski, G. (2002). Stereotype Figuren und wiederkehrende Themen. Ergebnisse einer medienanalytischen Betrachtung der vier deutschen Daily Soaps. In M. Götz (Hrsg.), *Alles Seifenblasen? Die Bedeutung von Daily Soaps im Alltag von Kindern und Jugendlichen* (S. 44-64). München: Kopäd Verlag.

Barcus, F. (1977). *Children's television: An analysis of programming and advertising*. New York: Praeger.

Barkadjieva, M. & Smith,R. (2001). The internet in everyday life. Computer networkking from the standpoint of the domestic user. *new media & society, 3*, 1, 67-83.

Bijker, W. E. & Pinch, T. J. (1984). The social construction of facts and artefacts: Or how the sociology of science and the sociology of technology might benefit of each other. In: W. E. Bijker, E. Wiebe, T. P. Hughes & T. J. Pinch (Hrsg.), *The social construction of technological systems* (S. 17-50). Cambridge: MIT Press.

Bleicher, J. K. (1995). Die Lindenstraße im Kontext deutscher Familienserien. In M. Jurga (Hrsg.), *Lindenstraße. Produktion und Rezeption einer Erfolgsserie* (S. 41-53). Opladen: Westdeutscher Verlag.

Boll, U. (1994). *Die Gattung Serie und Ihre Genres*. Aachen: Alano Verlag.

Bradac, J. J. (2001). Theory comparison: Uncertainty reduction, problematic integration, uncertainty management, and other curious concepts. *Journal of Communication, 51*, 3, 456-476.

Brashers, D. E., Goldsmith, D. J. & Hsieh, E. (2002). Information seeking and avoiding in health contexts. *Human Communication Research, 28*, 2, 258-272.

Brashers, D. E., Neidig, J. L., Haas, S. M., Dobbs, L. K., Cardillo, L. W. & Russell, J. A. (2000). Communication in the management of uncertainty: The case of persons living with HIV or AIDS. *Communication Monographs, 67*, 1, 63-84.

Bretl, D. J. & Cantor, J. (1988). The portrayal of men and women in U.S. television commercials: A recent content analysis and trends over 15 years. *Sex roles, 18*, 9/10, 595-609.

Brosius, H.-B. (1996). Der Enfluß von Fallbeispielen auf Urteile der Rezipienten. Die Rolle der Ähnlichkeit zwischen Fallbeispielen und Rezipienten. *Rundfunk und Fernsehen, 44*, 1, 51-69.

Brosius, H.-B. & Zubayr, C. (1996). *Vielfalt im deutschen Fernsehprogramm – Eine Analyse der Angebotsstruktur öffentlich-rechtlicher und privater Sender*. Ludwigshafen: LPR Schriftenreihe.

Brown, M. E. (1994). *Soap opera and women's talk. The pleasure of resistance*. Thousand Oaks: Sage.

Bryman, A. (1992). Quantitative and qualitative research: further reflections on their integration. In J. Brannen (Hrsg.), *Mixing methods: quantitative and qualitative research* (S. 57-80). Aldershot: Avebury.

Buckley, G. I. & Malouff, J. M. (2005). Using modeling and vicarious reinforcement to produce more positive attitudes toward mental health treatment. *The Journal of Psychology, 139*, 3, 197-209.

Büschken, J. & von Thaden, C. (1999). Clusteranalyse. In A. Hermann & C. Homburg (Hrsg.), *Marktforschung* (S. 339-380). Wiesbaden: Gabler.

Bushman, B. J. & Anderson, C. A. (2001). Media violence and the American public: Scientific facts versus media misinformation. *American Psychologist, 56*, 6/7, 477–489.

Bundesministerium für Familie, Senioren, Frauen und Jugend (2007). *Handy ohne Risiko? Mit Sicherheit mobil – ein Ratgeber für Eltern*. Berlin: Bundesministerium für Familie,

Senioren, Frauen und Jugend. [WWW Dokument] http://jugendschutz.net/pdf/handy-ohne-risiko.pdf (18.01.2008).

Bundesnetzagentur für Elektrizität, Gas, Telekommunikation, Post und Eisenbahnen (2007). *Entwicklung der versendeten SMS.* [WWW Dokument] http://www.bundesnetzagentur.de/media/archive/10969.pdf (11.01.08).

Bundesnetzagentur für Elektrizität, Gas, Telekommunikation, Post und Eisenbahnen (2008). *Jahresbericht 2007.* Bonn: Bundesnetzagentur für Elektrizität, Gas, Telekommunikation, Post und Eisenbahnen. [WWW Dokument]. http://www.bundesnetzagentur.de/media/archive/13212.pdf (08.06.08).

Byrd-Bredbenner, C. & Grasso, D. (1999). A comparative analysis of television food advertisments and curret dietary recommendations. *American Journal of Health Studies, 15,* 4, 169-180.

Chaiken, S. & Trope, Y. (1999) (Hrsg.). *Dual-process theories in social psychology.* Guilford Press: New York.

Charters, W W. Jr. & Pellegrin, R. S. (1972). Barriers to the innovation process: Four case studies of differentiated staffing. *Educational Administration Quarterly, 9,* 1, 3-14.

Chory-Assad, R. M. & Tamborini, R. (2003). Television exposure and the public's perceptions of physicians. *Journal of Broadcasting & Electronic Media, 47,* 2, 197-215.

Coleman, J.S., Katz, E. & Menzel, H. (1966). *Medical innovation: A diffusion study.* New York: Bobbs-Merrill.

Comstock, G., Chaffee, S., Katzman, N., McCombs, M. & Roberts, D. (1978). *Television and human behavior.* New York: Columbia University Press.

Comstock, G. & Cobbey, R. E. (1982). Television and the children of ethnic minorities: Perspectives from research. In G. L. Berry & C. Mitchell-Kernan (Hrsg.), *Television and the socialization of the minority child* (S. 245-260). New York: Academic Press.

Comstock, G. & Scharrer, E. (1999). *Television: What's on, who's watching and what it means.* San Diego: Academic Press.

Cruz, J. & Wallack, L. (1986). Trends in tobacco use on television. *American Journal of Public Health, 76,* 6, 698-699.

CTIA (2007). *Wireless quick facts. Mid-year figures 2007.* [WWW Dokument] http://www.ctia.org/advocacy/research/index.cfm?bPrint=1&AID=10323 (02.12.2007).

CTIA (o. J.). *History of wireless communications. From building the wireless future to expanding the wireless frontier.* [WWW Dokument] http://www.ctia.org/advocacy/research/index.cfm/AID (03.12.2007).

Dail, P. W. & Way, W. L. (1985). What do parents observe about parenting from primetime television? *Family Relations, 34,* 4, 491-499.

Dates, J. (1980). Race, racial attitudes and adolescent perceptions of black television characters. *Journal of Broadcasting, 24,* 4, 549-560.

Darwin, C. (1867). *Über die Entstehung der Arten durch natürliche Zuchtwahl oder Erhaltung der begünstigten Rassen im Kampfe um's Dasein.* Stuttgart: Schweizerbart.

Davis, F. D. (1986). *A technology acceptance model for empirically testing new end-user information systems: Theory and results.* Boston: MIT. [WWW Dokument] http://hdl.handle.net/1721.1/15192 (24.01.2008).

Davis, S. & Mares, M.-L. (1998). Effects of talk show viewing on adolescents. *Journal of Communication, 48,* 3, 69-86.

de Certeau, M. (1980). *Arts de faire.* Paris: Edition Gallimard.

Die „Lindensträßler" (o. J.). [WWW Dokument] http://www.Lindenstrasse.de/Linden-strasse/Lindenstrassecms.nsf/flashindex?openframeset (16.12.2006).

Dimmick, J., Kline, S. & Stafford, L. (2000). The gratification niches of personal e-mail and the telephone. Competition, displacement, and complementarity. *Communication Research, 27,* 2, 227-228.

Döring, N. (2002). Klingeltöne und Logos auf dem Handy: Wie neue Medien der Uni Kommunikation genutzt werden. *Medien & Kommunikationswissenschaft, 50*, 3, 325 349.

Döring, N. (2003). Internet-Liebe: Zur technischen Mediatisierung intimer Kommunikation. In J Höflich & J. Gebhardt (Hrsg.), *Vermittlungskulturen im Wandel: Brief - E-Mail - SMS* (S 233-264). Berlin: Peter Lang Verlag.

Dorr, A. (1982). Television and the socialization of the minority child. In G. L. Berry & C. Mitchell Kernan (Hrsg.), *Television and the socialization of the minority child* (S. 15-36). New York: Academic Press.

Downs, G. W. (1976). *Bureaucracy, innovation, and public policy*. Lexington: Lexington Books.

Eastman, H. A. & Liss, M. B. (1980): Ethnicity and children's TV preferences. *Journalism Quarterly, 57*, 2, 277-280.

Edelmann, W. (2000). *Lernpsychologie* (6. Aufl.). Weinheim: Beltz.

Efron, B. (1979). Bootstrap methods: another look at the jackknife. *The Annals of Statistics, 7*, 1, 1- 26.

Efron, B. & Tibshirani, R. J. (1993). *An introduction to the bootstrap. Monographs on Statistics and Applied Probability*. New York: Chapman & Hall.

Eid, M., Langeheine, R. & Diener, E. (2003). Comparing typological structures across cultures by latent class analysis: A primer. *Journal of Cross-Cultural Psychology, 34*, 2, 195-210.

Entman, R. M. (1993). Framing: toward clarification of a fractured paradigm. *Journal of Communication, 43*, 4, 51-58.

Epguide: Dawson's Creek (2007). [WWW Dokument] http://www.tvsi.de/familien-serien/dawsons_creek.php (10.10.2007).

Epguide: Gilmore Girls (2007). [WWW Dokument] http://www.tvsi.de/familien-serien/gilmore_girls.php (10.10.2007).

Epguide: O.C. California (2007). [WWW Dokument] http://www.tvsi.de/familien-serien/OC_California.php (10.10.2007).

Epguide: Sex and the City (2007). [WWW Dokument] http://www.tvsi.de/familien-serien/sex_and_the_city.php (10.10.2007).

Fangrath, A. (2005). Handy – Vergnügen mit eingebautem Schuldenfaktor. In Fthenakis, W. E. & Textor, M. R. (Hrsg.), *Das Online-Familienhandbuch*. München: Staatsinstitut für Frühpädagogik. [WWW-Dokument] http://www.familienhandbuch.de/cmain/f_Aktuelles/a_Haeufige_Probleme/s_1356.html (18.01.2008).

Farrar, K., Kunkel, D., Biely, E., Eyal, K., Fandrich, R. & Donnerstein, E. (2003). Sexual messages during prime-time programming. *Sexuality & Culture,7*, 3, 7-37.

Fishbein, M. (1963). An investigation of the relationships between beliefs about an object and the attitude towards the object. *Human Relations, 16*, 3, 233-240.

Fishbein, M (1967). Attitude and the prediction of behaviour. In M. Fishbein (Hrsg.). *Readings in attitude theory and measurement*. New York: Wiley.

Fishbein, M. & Ajzen, I. (1975). *Believe, attitude, intention and behavior: An introduction to theory and research*. Reading: Addison-Wesley.

Flichy, P. (1995). *L'innovation technique. Récents développements en sciences sociales vers une nouvelle théorie de l'innovation*. Paris: La Découverte.

Flick, U. (2004). *Triangulation. Eine Einführung*. Wiesbaden: VS Verlag für Sozialwissenschaften.

Foebus, M. (2003). *Aneignung neuer Kommunikationsdienste durch Jugendliche*. Hannover Unveröffentlichte Diplomarbeit.

Fortunati, L., Katz, J. & Riccini, R. (2003) (Hrsg.). *Mediating the human body: Technology, communication and fashion*. Mahwah: Lawrence Erlbaum & Associates.

Foucault, M. (1975). *Surveiller et punir - la naissance de la prison*. Paris: Edition Gallimard.

Fouts, G. & Burggraf, K. (1999). Television situation comedies: Female body images and verbal reinforcements. *Sex Roles, 40*, 5/6, 473–481.

Fouts, G. & Burggraf, K. (2000). Television situation comedies: Female weight, male negative comments, and audience reactions. *Sex Roles, 42*, 9/10, 925–932.

Fraley, C. & Raftery, A. (1998). How many clusters? Which clustering method? Answers via model-based cluster analysis. *The Computer Journal, 41*, 8, 578-588.

Frey-Vor, G. (1996). *Langzeitserien im deutschen und britischen Fernsehen. Lindenstraße und EastEnders im interkulturellen Vergleich.* Berlin: Wissenschaftsverlag Volker Spiess.

Frissen, V. (2000). ICTs in the rush of life. *The Information Society, 16*, 1, 65-75.

Früh, W. (1998). *Inhaltsanalyse. Theorie und Praxis (4. Auflage).* Konstanz: UVK Medien.

Full cast and crew for "Dawsons's Creek" (o. J.). [WWW Dokument] http://www.imdb. com/title/tt0118300/fullcredits#cast (16.12.2006).

Full cast and crew for "Gilmore Girls" (o. J.). [WWW Dokument] http://www.imdb. com/title/tt0238784/fullcredits#cast (16.12.2006).

Full cast and crew for "Sex and the City" (o. J.). [WWW Dokument] http://www.imdb. com/title/tt0159206/fullcredits#cast (16.12.2006).

Full cast and crew for "The O.C." (o. J.). [WWW Dokument] http://www.imdb.com/ title/tt0362359/fullcredits#cast (16.12.2006).

Fujioka, Y. (1999). Television portrayals and African-American stereotypes: Examination of television effects when direct contact is lacking. *Journalism & Mass Communication Quarterly, 76*, 1, 52-75.

Gebel, C. & Thum, U. (2000). Unbeirrbar im Seriendschungel – Was Mädchen und Jungen gefällt. In H. Theunert & C. Gebel (Hrsg.), *Lehrstücke fürs Leben in Fortsetzung. Serienrezeption zwischen Kindheit und Jugend* (S. 25-54). München: Verlag Reinhard Fischer.

Gebhardt, J. (2001). Techniken und Strategien zur Herstellung und Bewältigung Sozialer Interaktion in der computervermittelten Kommunikation – rahmenanalytische Überlegungen am Beispiel des "Online - Chat". *Kommunikation@gesellschaft, 2*, [WWW Dokument] http://www.uni-frankfurt.de/fb03/K.G/B3_ 2001_ Gebhardt.pdf (24.01.2008).

Geen, R. (1994). Television and aggression. Recent developments in research and theory. In D. Zillmann, J. Bryant & A. Huston (Hrsg.), *Media, children, and the family* (S. 151-162). Hillsdale,: Lawrence Erlbaum.

Geen, R. & Thomas, S. (1986). The immediate effects of media violence on behavior. *Journal of Social Issues, 42*, 7, 27.

Gehrau, V. (2001). *Fernsehgenres und Fernsehgattungen. Ansätze und Daten zur Rezeption, Klassifikation und Bezeichnung von Fernsehprogrammen.* München: Verlag Reinhard Fischer.

Geißendörfer, H. W. (1990). Wie Kunstfiguren zum Leben erwachen – zur Dramaturgie der „Lindenstraße". *Publizistik, 38*, 1, 48-55.

Gerbner, G. & Gross, L. (1976). Living with television. The violence profile. *Journal of Communication, 26*, 2, 173-199.

Gerbner, G. Gross, L. Morgan, M. & Signorielli, N. (1994). Growing up with television: The cultivation perspective. In J. Bryant & D. Zillmann (Hrsg.), *Media effects. Advances in Theory and Research* (S. 17-41). Hillsdale, NJ: Lawrence Erlbaum.

Giddens, A. (1984). *The constitution of society: Outline of the theory of structuration.* Berkeley: University of California Press.

Gidwani, P. P., Sobol, A., DeJong, W., Perrin, J. M. & Gortmaker, S. L. (2002). Television viewing and initiation of smoking among youth. *Pediatrics, 110*, 3, 505-508.

Giuliano, T. A., Turner, K. L., Lundquist, J. C. & Knight, J. L. (2007). Gender and the selection of public athletic role models. *Journal of Sport Behavior, 30*, 2, 161-198.

Glanz, J. (1997). Images of principals on television and in the movie. *The Clearing House, 70,* 6, 295-297.

Glaser, B. G. & Straus, A. L. (1967). *The discovery of grounded theory. Strategies for qualitative research.* New York: Aldine.

Glick, H. R. & Hays, S. P. (1991). Innovation and reinvention in state policymaking: Theory and the evolution of living will laws. *Journal of Politics, 53,* 3, 835-850.

Goffman, E. (1977). *Rahmen-Analyse. Ein Versuch über die Organisation von Alltagserfahrungen.* Frankfurt: Suhrkamp.

Graves, S.B. (1982). The impact of television on the cognitive and affective development of a minority child. In G.L. Berry & C. Mitchell-Kernan (Hrsg.), *Television and the Socialization of the minority child* (S. 37-70). New York: Academic Press.

Greenberg, B. S. (1972). Children's reactions to TV blacks. *Journalism Quarterly, 49,* 5-14.

Greenberg, B. S. (1974). Gratifications of television viewing and their correlates for British children. In J. G. Blumler & E. Katz (Hrsg.), *The uses of mass communications: Current perspectives on gratifications reserach* (S. 71-92). Beverly Hills: Sage.

Greenberg, B. S. & Brand, J. E. (1993). Cultural diversity on Saturday Morning television. In G. L. Berry & J. K. Asamen (Hrsg.), *Children and television: Images in a Changing Sociocultural World* (S. 133-142). Newbury Park, CA: Sage.

Greenberg, B. S., Brown, J. & Buerkel-Rothfuss, N. (1993). *Media, sex, and the adolescent.* Cresskill: Hampton Press.

Greenberg, B., Buerkel-Rothfuss, N., Neuendorf, K. & Atkin, C. K. (1980). Three seasons of television family role interactions. In B. S. Greenberg (Hrsg.), *Life on television: Content analyses of U.S. TV drama* (S. 161-172). Norwood: Ablex.

Greenberg, B., Hines, M., Buerkel-Rothfuss, N. & Atkin, C. K. (1980). Family role structures and interactions on commercial television. In B. S. Greenberg (Hrsg.), *Life on television: Content analyses of U.S. TV drama* (S. 149-160). Norwood: Ablex.

Greenberg, B. & Neuendorf, K. (1980). Black family interactions on television. In B. S. Greenberg (Hrsg.), *Life on television: Content analyses of U.S. TV drama* (S. 173-181). Norwood: Ablex.

Greenberg, B., Salmon, C., Rosaen, S., Worrell, T. & Volkman, J. (2005, Mai*). Will & cake or the young & the hungry: An examination of eating and drinking on television.* Vortrag auf der 55. Jahrestagung der International Communication Association (ICA), New York, USA.

Gutschoven, K. & van den Bulck, J. (2005). Television viewing and age at smoking initiation: Does a relationship exist between higher levels of television viewing and earlier onset of smoking? *Nicotine & Tobacco Research, 7,* 3, 381-385.

Habib, L & Cornford, T. (2002). Computers in the home: domestication and gender. *Information Technology & People, 15,* 2, 159-174.

Hagenaars, J. A. & Halman, L. C. (1989). Searching for ideal types. The potentialities of latent class analysis. *European Sociological Review, 5,* 81-96.

Hall, S. (1980). Encoding/ Decoding. In S. Hall, D. Hobson, A. Lowe & P. Willis (Hrsg.), *Culture, Media, Language* (S. 128-138). London: Hutchinson.

Hammersley, M. (1996). The relationship between qualitative and quantitative research: paradigm loyalty versus methodological eclecticism. In T.E. Richardson (Hrsg.), *Handbook of qualitative research methods for psychology and the social sciences* (S. 159-174). Leicester: BPS-Books.

Harris, J.C. (1986). Athletic exemplars in context: General exemplar selection patterns in relation to sex, race and age. *Quest, 38,* 2, 95-115.

Havighurst, R. J. (1972). *Developmental tasks and education (Dritte Auflage).* New York: Longman.

Hawkins, R. P. & Pingree, S. (1980). Some processes in the cultivation effect. *Communication Research, 7*, 2, 193-226.

Hawkins, R. P. & Pingree, S. (1982). Television's influence on social reality. In D. Pearl, L. Bouthilet & J. B. Lazar (Hrsg.), *Television and behavior. Ten years of scientific progress and implications for the eighties, Vol. 2.* (S. 224-247). Rockville: National Institute of Mental Health.

Hays, S. P. (1996a). Influences on reinvention during the diffusion of innovations. *Political Research Quarterly, 43*, 3, 631-650.

Hays, S. P. (1996b). Patterns of reinvention: The nature of evolution during policy diffusion. *Policy Studies Journal, 24*, 4, 551-566.

Hazan, A. R. & Glantz, S. A. (1995). Current trends in tobacco use on prime-time fictional television. *American Journal of Public Health, 85*, 1, 116-117.

Hazan, A. R., Lipton, H. L. & Glantz, S. A. (1994). Popular films do not reflect current tobacco use. *American Journal of Public Health, 84*, 6, 998-1000.

Heintel, P. & Krainer, L. (2001). Trendy Handy. *Medien Impulse*, Heft 09, 35-37

Hercher, J. (1995). Meine *Lindenstraße* – Kreativität des Regisseurs in der Serie. In M. Jurga (Hrsg.), *Lindenstraße. Produktion und Rezeption einer Erfolgsserie* (S. 21-30). Opladen: Westdeutscher Verlag.

Hepp, A. (1998). *Fernsehaneignung und Alltagsgespräche. Fernsehnutzung aus der Perspektive der Cultural Studies.* Opladen: Westdeutscher Verlag.

Hepp, A. (1999). *Cultural Studies und Medienanalyse. Eine Einführung.* Opladen: Westdeutscher Verlag.

Herzog, H. (1944). What do we really know about daytime serial listeners. In P. F. Lazarsfeld & F. N. Stanton (Hrsg.), *Radio research 1942-1943* (S. 3-33). New York: Duell, Sloan, and Pearce

Hetsroni, A. (2007). Four decades of violent content on prime-time network programming: A longitudinal meta-analytic review. *Journal of Communication, 57*, 4, 759-784.

Höflich, J. R. (1998). Computerrahmen und Kommunikation. In E. Prommer & G. Vowe (Hrsg.), *Computervermittelte Kommunikation - Öffentlichkeit im Wandel?* (S. 141-174). Konstanz: UVK.

Höflich, J. R. (1999). Der Mythos vom umfassenden Medium. Anmerkungen zur Konvergenz aus einer Nutzerperspektive. In M. Latzer, U. Maier-Rabler, G. Siegert & Th. Steinmaurer (Hrsg.), *Die Zukunft der Kommunikation. Phänomene und Trends in der Informationsgesellschaft* (S. 43-59). Innsbruck: Studienverlag.

Höflich, J. R. (2000). Die Telefonsituation als Kommunikationsrahmen. Anmerkungen zur Telefonsozialisation. In J. Bräunlein & B. Flessner (Hrsg.), *Der sprechende Knochen. Perspektiven von Telefonkulturen.* (S. 85-100). Würzburg: Königshausen & Neumann.

Höflich, J. R. (2001). Das Handy als „persönliches Medium". Zur Aneignung des Short Message Service (SMS) durch Jugendliche. *kommunikation@gesellschaft, 2*, [WWW Dokument] http://www. soz.uni-frankfurt.de/K.G/B1_2001_Hoeflich.pdf (27.04.2005).

Höflich, J. R. (2003). *Mensch, Computer und Kommunikation. Theoretische Verortungen und empirische Befunde.* Frankfurt: Peter Lang.

Höflich, J. R. & Rössler, P. (2001). Mobile schriftliche Kommunikation oder: E-Mail für das Handy. *Medien & Kommunikationswissenschaft, 49*, 4, 437–461.

Höpel, A. K. (2005). *Realismus in Fortsetzungsserien: Konzept und Verwirklichung. Eine Untersuchung ausgewählter Folgen der „Lindenstraße".* Marburg: Tectum Verlag.

Hogben, M. (1998). Factors moderating the effect of televised aggression on viewer behavior. *Communication Research, 25*, 2, 220-247.

Holly, W. (1993). Fernsehen in der Gruppe - gruppenbezogene Sprachhandlungen von Fernsehrezipienten. In W. Holly & U. Püschel (Hrsg.), *Medienrezeption als Aneignung* (S. 137-150). Opladen: Westdeutscher Verlag.

Holly, W. & Püschel, U. (1993). *Medienrezeption als Aneignung.* Opladen: Westdeutscher Verlag.

Hubona, G. S. & Burton-Jones, A. (2003). *Modelling the user-acceptance of e-mail.* Proceedings of the 36th Hawaii International Conference on System Sciences (HICSS 03).

Hughes, M. (1980). The fruits of cultivation analysis: A re-examination of the effects of television watching on fear of victimization, alienation, and the approval of violence. *Public Opinion Quarterly, 44,* 3, 287-302.

Hung, S.-Y., Ku, C.-Y. & Chan, C.-M. (2003). Critical factors of WAP services adoption: an empirical study. *Electronic Commerce Research an Applications, 2,* 1, 42-60.

Jeffery, R. W. (1976). The influence of symbolic and motor rehearsal in observational learning. *Journal of Research in Personality, 10,* 1, 116-127.

Jonas, K. & Doll, J. (1996). Eine kritische Bewertung der Theorie überlegten Handelns und der Theorie geplanten Verhaltens. *Zeitschrift für Sozialpsychologie, 27,* 1, 18-31.

Jospeh, P. B. & Burnaford G. E. (1994). Contemplating images of schoolteachers in american culture. In P. B. Joseph & G. E. Burnaford (Hrsg.), *Images of schoollteachers in twentieth-century America: Paragons, polarities, and complexities* (S. 3-23). New York: St. Martin's Press.

Karnowski, V. & von Pape, T. (2005, Oktober). *Entscheidend ist, was hinten raus kommt. Zur Implementation neuer Kommunikationsdienste in den Alltag.* Vortrag auf den Medientagen München 2005, München.

Karnowski, V., von Pape, T. & Wirth, W. (2006). Zur Diffusion neuer Medien: Kritische Bestandsaufnahme aktueller Ansätze und Überlegungen zu einer integrativen Diffusions- und Aneignungstheorie Neuer Medien. *Medien & Kommunikationswissenschaft, 54,* 1, 56-74.

Karnowski, V., von Pape, T. & Wirth, W. (2008). After the digital divide? An appropriation perspective on the generational mobile-phone divide. In M. Hartmann, P. Rössler & J. Höflich (Hrsg.), *After the Mobile Phone?Social Changes and the Development of Mobile Communication.* Berlin: Frank & Timme.

Karunanayake, D. & Nauta, M. M. (2004). The relationship between race and student's identified career role models and perceived role model influence. *The Career Development Quarterly, 52,* 3, 225-234.

Katz, E., Blumler, J. G. & Gurevitch, M. (1974). Utilization of mass communication by the individual. In J. G. Blumler & E. Katz (Hrsg.), *The uses of mass communications. Current perspectives in gratifications research* (S. 249–168). Beverly Hills: Sage Publications.

Katz, E. & Foulkes, D. (1962). On the use of the mass media as „escape": Clarification of a concept. *Public Opinion Quaterly, 26,* 3, 377-388.

Katz, J. & Sugiyama, S. (2006). Mobile phones as fashion statements: Evidence from student surveys in the US and Japan. *new media and society, 8,* 2, 321-227.

Kelz, S. (2004). *Aneignung und Nutzungsmotive des Short Message Service (SMS) bei Erwachsenen.* München: Unveröffentlichte Magisterarbeit.

Keniston, K. (1974). Youth: A "new" stage of life. In H. V. Krämer (Hrsg.), *Youth and culture.* Monterey: Brooks/Cole.

Kincaid, D. L. (2004). From innovation to social norm: Bounded normative influence. *Journal of Health Communication, 9,* 1, 37-57.

Kinnick, K. N. & Parton, S. R. (2005). Workplace communication. What the apprentice teaches about communication skills. *Business Communication Quarterly, 68,* 4, 429-456.

Kleiter, E. (1994). Aggression und Gewalt in Filmen und aggressiv-gewalttätiges Verhalten von Schülern. Darstellung einer empirischen Pilotstudie. *Empirische Pädagogik, 8*, 1, 3-57.

Kleiter, E. (1997). *Film und Aggression – Aggressionspsychologie. Theorie und empirische Ergebnisse mit einem Beitrag zur Allgemeinen Aggressionspsychologie.* Weinheim: Deutscher Studienverlag.

Krüger, U. & Zapf-Schramm, T. (2007). Sparten, Sendungsformen und Inhalte im deutschen Fernsehangebot 2006. *Media Perspektiven*, Heft 4, 166-186.

Kunczik, M. (1981). Die Theorie des Lernens durch Beobachtung: Ein Beitrag zur Analyse massenmedialer Wirkungen? *Communications, 7*, 1, 47-56.

Kunczik, M. & Zipfel, A. (2006). *Gewalt und Medien. Ein Studienhandbuch.* Köln: Böhlau Verlag.

Lafferty, B. A. & Goldsmith, R. E. (1999). Corporate credibility's role in consumers' attitudes and purchase intentions when a high versus a low credibility endorser is used in the ad. *Journal of Business Research, 44*, 2, 109-116.

Langeheine, R., Pannekoek, J. & van de Pol, F. (1996). Bootstrapping goodness-of-fit measures in categorical data analysis. *Sociological Methods & Research, 24*, 4, 492-516.

Larson, M. S. (1991). Sibling interactions in 1950s versus 1980s sitcoms: A compareson. *Journalism Quarterly, 68*, 3, 381-387.

Larson, M. S. (2001). Interactions, activities and gender in children's television commercials: A content analysis. *Journal of Broadcasting & Electronic Media, 45*, 1, 41-56.

Lazarsfeld, P. (1950). Logical and mathematical foundations of latent structure analysis. In S. Stouffer, L. Guttman, E. Suchman, P. Lazarsfeld, S. Star & J. Clausen (Hrsg.), *Measurement and prediction* (S. 364-472). Princeton: Princeton University Press.

Lefrançois, G. R. (2006). *Psychologie des Lernens (4 Aufl.).* Heidelberg: Springer Medizin Verlag.

Lehtonen, T. (2003). The domestication of new technologies as a set of trials. *Journal of Consumer Culture, 3*, 3, 363-385.

Leung, L. & Wei, R. (2000). More than just talk on the move: uses and gratifications of the cellular phone. *Journalism and Mass Media Quarterly, 77*, 2, 308-320.

Lewis, L. K. & Seibold, D. R. (1996). Communication during intraorganizational innovation adoption: Predicting users' behavioral coping responses to innovations in organizations. *Communication Monographs, 63*, 2, 131-157.

Licata, J. W. & Biswas, A. (1997). Representation, roles, and occupational status of black models in television advertisments. *Journalism Quarterly, 70*, 4, 868-882.

Licoppe, C. & Heurtin, J. P. (2001). Managing one's availability to telephone communication through mobile phones: A french case study of the development dynamics of mobile phone use. *Personal and Ubiquitous Computing, 5*, 2, 99-108.

Liebes, T. & Livingstone, S. (1998). European soap operas: The diversification of a genre. *European Journal of Communication, 13*, 2, 147-180.

Lievrouw, L. & Livingstone, S. (2002) (Hrsg.). *Handbook of new media: Social shaping and social consequences.* London: Sage.

Ling, R. (1997). 'One can talk about common manners!': the use of mobile telephones in inappropriate situations.' In L. Haddon (Hrsg.), *Themes in mobile telephony* (Final Report of the COST 248 Home and Work Group). [WWW Dokument] http://www.telenor.no/fou/prosjekter/Fremtidens_Brukere/Rich/One%20can%20talk%20about%20common% 20manners.doc (27.04.2005).

Ling, R. (2001). It's 'in'. It doesn't matter if you need it or not, just you have it. Fashion and domestication of the mobile telephone among teens in Norway. *Telenor Research and Development 2001.* [WWW Dokument] http://www.telenor.no/fou/program/nomadiske/articles/05.pdf (27.04.2005).

Ling, R. (2003). Fashion and vulgarity in the adoption of the mobile telephone among teens in norway. In L. Fortunati, J. E. Katz & R. Riccini (Hrsg.), *Mediating the human body. Technology, communication and fashion*. Mahwah: Lawrence Erlbaum & Associates.

Ling, R. (2004). *The mobile connection. The cell phone's impact on society*. San Francisco, Oxford Elsevier/ Morgan Kaufmann.

Ling, R. (2005). The sociolinguistics of SMS: An analysis of SMS use by a random sample of norwegians. In R. Ling & P. E. Pedersen (Hrsg.), *Mobile communications. Re negotiation of the social sphere* (S. 335-349). London: Springer-Verlag.

Ling, R., Nilsen, S. & Granhaug, S. (1999). The domestication of video-on-demand. Folk understanding of a new technology. *New Media & Society, 1*, 1, 83-100.

Ling, R. & Yttri, B. (2002). Hypercoordination via mobile phones in norway. In J. Katz & M Aakhus (Hrsg.), *Perpetual contact: Mobile communication, private talk, public performance* (S. 139-69). Cambridge: Cambridge University Press.

Logemann, N. & Feldhaus, M. (2001). Neue Medien als Herausforderung für die Jugendphase *Kind, Jugend, Gesellschaft, 46*, 2, 50-53.

Long, M. & Simon, R. (1974). The roles and statuses of women on children and family TV Programs. *Journalism Quarterly, 51*, 1, 107-110.

Lopez, D. (1993). *Films by genre – 775 categories, styles, trends and movements defined with c filmography for each*. London: McFarland.

Majchrzak, A., Rice, R., Malhotra, A., King, N. & Ba, S. (2000). Technology adaptation: The case of computer-supported inter-organizational virtual teams. *MIS Quarterly, 24*, 4, 569-600.

Maletzke, G. (1963). *Psychologie der Massenkommunikation*. Hamburg: Verlag Hans-Bredow-Institut.

Martin, C. & Bush, A. (2000). Do role models influence teenagers' purchase intentions and behavior? *Journal of Consumer Marketing, 17*, 5, 441-454.

Matthes, J. (2007). *Framing-Effekte. Zum Einfluss der Politikberichterstattung auf die Einstellungen der Rezipienten*. München: Verlag Reinhard Fischer.

Mattle, S. (2003). *Das Handy – Werbemedium mit Zukunft? Eine Befragung zum Zusammenhang von Aneignungsformen und der Einstellung gegenüber SMS-Werbung bei Jugendlichen* München: Unveröffentlichte Magisterarbeit.

Mayer, M. E., Gudykunst, W. B., Perrill, N. K. & Merrill, B.D. (1990). A comparison of competing models of the news diffusion process. *Western Journal of Speech Communication, 54*, 1 113-123.

McCullick, B., Belcher, D., Hardin, B. & Hardin, M. (2003). Butches, bullies and buffoons: images of physical education teachers in the movies. *Sport, Education and Society, 8*, 1, 3-16.

McLachlan, G. J., Peel, D., Basford, K. E. & Adams, P. (1999). The EMMIX software for the fitting of mixtures of normal and t-components. *Journal of Statistical Software, 4*, 2. [WWW Dokument] http://www.jstatsoft.org/v04/i02/paper (25.01.08).

McQuail, D., Blumler, J. G. & Brown, J. R. (1972). The television audience: A revised perspective. In D. McQuail (Hrsg.), *Sociology of Mass Communications* (S. 135-166). Harmondsworth: Penguin.

Mead, G. H. (1934). *Mind, self, and society: From the standpoint of a social behaviorist*. Chicago: University of Chicago Press.

Mediabiz-Filmdatenbank (o.J.). [WWW Dokument] http://www.mediabiz.de/pekfilm afp?Biz=mediabiz&Premium=J&Navi=01300500 (18.12.2006)

Mehle, K. (1995). Drahtseilakt Dramaturgie. In M. Jurga (Hrsg.), *Lindenstraße* (S. 31-38). Opladen Westdeutscher Verlag.

Melzl, B. (2005). *Diffusion mobiler Kommunikationsdienste in einer Jugendgruppe: eine empirische Netzwerkanalyse*. München: Unveröffentlichte Diplomarbeit.

Merton, R. K. & Kendall, P. L. (1979). Das fokussierte Interview. In C. Hopf & E. Weingarten (Hrsg.), *Qualitative Sozialforschung* (S. 171-204). Stuttgart: Klett-Cotta.

Meyer, G. (2004). Diffusion methodology: Time to innovate? *Journal of Health Communication, 9*, 1, 59-69.

Mikos, L. (1994a). *Es wird Dein Leben! Familienserien im Fernsehen und im Alltag der Zuschauer.* Münster: MAkS Publikationen.

Mikos, L. (1994b). *Fernsehen im Erleben der Zuschauer. Vom lustvollen Umgang mit einem populären Medium.* Berlin: Quintessenz.

Mikos, L. (1996). Parasoziale Interaktion und indirekte Adressierung. In P. Vorderer (Hrsg.), *Fernsehen als „Beziehungskiste". Parasoziale Beziehungen und Interaktionen mit TV-Personen* (S.97-106). Opladen: Westdeutscher Verlag.

Morgan, M. & Shanahan, J. (1997). Two decades of cultivation reserach: An appraisal and metaanalysis. In B. R. Burleson & A. W. Kunkel (Hrsg.), *Communication Yearbook 20* (S. 1-45). Thousand Oaks: Sage Publications.

Nicholas, K. B., McCarter, R. E. & Heckel, R. V. (1971). The effect of race and sex on the imitation of television models. *The Journal of Social Psychology, 85*, 2, 315-316.

Noelle-Neumann, E. (1983). *Spiegel Dokumentation: Persönlichkeitsstärke.* Hamburg: Spiegel Verlag.

O'Donnell, H. (1999). *Good times, bad times. Soap operas and society in western Europe.* Berkley: University of California Press.

Oerter, R. & Montada, L. (1995). *Entwicklungspsychologie.* München: Urban & Schwarzenberg.

Ogburn, W. F. (1969). *Kultur und sozialer Wandel.* Ausgewählte Schriften. Neuwied: Luchterhand.

Ohanian, R. (1990). Construction and validation of a scale to measure celebrity endorsers. Perceived expertise, trustworthiness, and attractiveness. *Journal of Advertising, 19*, 3, 39-52.

Oksman, V. & Rautiainen, P. (2003). "Perhaps it is a body part". How the mobile phone became an organic part of everyday lives of children and adolescents. In J. E. Katz (Hrsg.), *Machines that become us. The social context of personal communication technology.* New Brunswick: Transaction Publishers.

Oksman, V. & Turtiainen, J. (2004). Mobile communication as a social stage. *new media & society, 6*, 3, 319-339.

Orlikowski, B. (1993). CASE tools as organizational change. Investigating incremental and radical changes in systems development. *MIS Quarterly, 17*, 3, 309-340.

Palmgreen, P. (1984). Der „Uses and Gratifications Approach". Theoretische Perspektiven und praktische Relevanz. *Rundfunk und Fernsehen, 32*, 1, 51-62.

Palmgreen, P. & Rayburn, J.D. (1979). Uses and gratifications and exposure to public television: a discrepancy approach. *Communication Research, 6*, 2, 155-180.

Palmgreen, P. & Rayburn, J. D. (1982). Gratifications sought and media exposure: An expectancy value model. *Communication Research, 9*, 4, 561-580.

Palmgreen, P. & Rayburn, J. D. (1985). An expectancy-value approach to media gratifications. In K. E. Rosengren, A. Wenner & P. Palmgreen (Hrsg.), *Media gratifications research. Current perspectives* (S. 61-72). Beverly Hills: Sage.

Palmgreen, P., Wenner, L. & Rayburn J. D. (1980). Relations between gratifications sought and obtained: a study of television news. *Communication Research, 7*, 2, 161-192.

Pavlov, I. P. (1927). *Conditioned reflexes: An investigation of the physiological activity of the cerebral cortex.* London: Oxford University Press.

Pedersen, P. E. (2001). Adoption of mobile commerce: An exploratory analysis. *SNF report, 51/01.* [WWW Dokument] http://bora.nhh.no/bitstream/2330/478/1/ R51_01.pdf (25.01.2008.

Pedersen, P. E. & Nysveen, H. (2003, Juni). *Usefulness and self-expressiveness: extending TAM to explain the adoption of a mobile parking service.* Vortrag auf der 16. Electronic Commerce Conference, Bled, Slowenien.

Pedersen, P. E., Nysveen, H. & Thorbjørnsen, H. (2002). *The adoption of mobile services: A cross service study.* Bergen, Norway: Foundation for Research in Economics and Business Administration.

Peirce, K. (1989). Sex-role stereotyping of children on television. A content analysis of the roles and attributes of child characters. *Sociological Spectrum, 9,* 3, 321-328.

Peters, O. & ben Allouch, S. (2005). Always connected. A longitudinal field study of mobile communication. *Telematics and Informatics, 22,* 3, 239-256.

Potter, W. J. (1993). Cultivation theory and research: A conceptual critique. *Human Communication Research, 19,* 4, 564-601.

Potter, W. J. (1999). *On media violence.* Thousand Oaks: Sage.

Potter, W. J. & Warren, R. (1998). Humor as camouflage of televised violence. *Journal of Communication, 48,* 2, 40-57.

Rammert, W. (1993). *Technik aus soziologischer Perspektive: Forschungsstand, Theorieansätze, Fallbeispiel. Ein Überblick.* Opladen: Westdeutscher Verlag.

Rayburn, J. D. & Palmgreen, P. (1984). Merging uses and gratifications and expectancy-value theory. *Communication Research, 11,* 4, 537-562.

Renckstorf, K. & Schröder, H.-D. (1986). Die Ankündigungen des Fernsehprogramms – Welches Bild entwirft die Programmpresse vom Fernsehprogramm öffentlich-rechtlicher und privater Anbieter? Ausgewählte Ergebnisse einer inhaltsanalytischen Studie zum Ankündigungsverhalten von Programmzeitschriften und Tageszeitungen. *Media Perspektiven,* Heft 4, S. 335-353.

Rich, M., Woods, E. R., Goodman, E., Emans, S. J. & DuRant, R. H. (1998).Aggressors or victims: Gender and race in music video violence. *Pediatrics, 101,* 4, 669-674.

Rice, R. E. & Rogers, E. M. (1980). Reinvention in the innovation process. *Knowledge: Creation, Diffusion, Utilization, 1,* 4, 499-514.

Rössler, P. & Brosius, H.-B. (2001). Do talk shows cultivate adolescents' views of the world? A prolonged-exposure experiment. *Journal of Communication, 51,* 1, 143-163.

Rogers, E. M. (1962). *Diffusion of innovations.* New York: Free Press.

Rogers, E. M. (1983). *Diffusion of innovations: A cross-cultural approach (3. Auflage).* New York: Free Press.

Rogers, E. M. (1995). Diffusions of innovations: Modifications of a model for telecommunications. In M.-W. Stoetzer & A. Mahler (Hrsg.), *Die Diffusion von Innovationen in der Telekommunikation* (S. 25-38). Berlin: Springer.

Rogers, E. M. (2003). *Diffusion of Innovations (5. Auflage).* New York: Free Press.

Rogers, E. M. (2004). A prospective and retrospective look at the diffusion model. *Journal of Health Communication, 9,* Supplement 1, 13-19.

Rogers, E. M. & Shoemaker, F. (1971). *Communication of innovations. A cross-cultural approach (2. Auflage).* New York: The Free Press.

Rossmann, C. (2007). *Fiktion Wirklichkeit. Ein Modell der Informationsverarbeitung im Kultivierungsprozess.* Wiesbaden: VS Verlag für Sozialwissenschaften.

Rotter, J. B. (1954). *Social learning and clinical psychology.* New York: Prentice-Hall.

Rotter, J. B. (1982). *The development and applications of social learning theory.* New York: Praeger.

Rückblick nach Folge (o. J.). [WWW Dokument] http://www.Lindenstraße.de/Lindenstraße/Lindenstraßecms.nsf/flashindex?openframeset (10.10.2007).

Rusch, G. (1993). Fernsehgattungen in der Bundesrepublik Deutschland – Kognitive Strukturen im Handeln mit Medien. In K. Hickethier (Hrsg.), *Geschichte des Fernsehens in der BRD – Institution, Technik uhd Programm* (S. 289-321). München: Fink.

Ryan, B. & Gross, N. C. (1943). The diffusion of hybrid seed corn in two Iowa communities. *Rural Sociology, 8,* 1, 15-24.

Sabido, M. (1981). *Towards the sociale use of soap-operas.* Mexico City, Mexico: Institute for Communication Research.

Samarajiva, R. (1996). Surveillance by design: Public networks and the control of consumption. In R. Mansell & R. Silverstone (Hrsg.), *Communication by design: The politics of information and communication technologies* (S. 129-156). Oxford: Oxford University Press.

Schenk, M., Dahm, H. & Sonje, D. (1996). *Innovationen im Kommunikationssystem. Eine empirische Studie zur Diffusion von Datenfernübertragung und Mobilfunk.* Münster: Lit.

Scherer, H. & Berens, H. (1998). Kommunikative Innovatoren oder introvertierte Technikfans? Die Nutzer von Online-Medien diffusion- und nutzentheoretisch betrachtet. In L. Hagen (Hrsg.), *Online-Medien als Quellen Politischer Information. Empirische Untersuchungen zur Nutzung von Internet und Online-Diensten* (S. 54-93). Opladen: Westdeutscher Verlag.

Scheufele, B. (2003). *Frames - Framing - Framing-Effekte. Theoretische und methodische Grundlegung des Framing-Ansatzes sowie empirische Befunde zur Nachrichtenproduktion.* Wiesbaden: Westdeutscher Verlag.

Schnell, R, Hill, P. & Esser, E. (2004). *Methoden der empirischen Sozialforschung.* München: Oldenbourg.

Schönberger, K. (1998). The Making of the Intenet. Befunde zur "Wirkung" und Bedeutung medialer Internetdiskurse. In P. Rössler (Hrsg.), *OnlineKommunikation. Beiträge zur Nutzung und Wirkung* (S. 65-84). Paderborn: Opladen.

Schwankebeck, A. (2001). Das tägliche Vergnügen. Daily Soaps im deutschen Fernsehprogramm. In C. Cippitelli & A. Schwanebeck (Hrsg.), *Pickel, Küsse und Kulissen. Soap Operas im Fernsehen.* (S. 17-20). München: Verlag Reinhard Fischer.

Seiter, E. (1990). Different children. Different dreams: Racial representation in advertising. *Journal of Consumer Inquiry, 14,* 1, 31-47.

Signorielli, N. (1982). Martial status in television drama: A case of reduced options. *Journal of Broadcasting, 26,* 2, 585-597.

Silverstone, R. & Haddon, L. (1996). Design and the domestication of information and communication technologies: Technical change and everyday life. In R. Silverstone & R. Mansell (Hrsg.), *Communication by design. The politics of information and communication technologies* (S. 44-74). Oxford: Oxford University Press.

Simon-Zülch, S. (2004). Seifenopern auf einen Blick. Streifzug durch das deutsche Programm. In C. Cippitelli & A. Schwanebeck (Hrsg.), *Pickel, Küsse und Kulissen. Soap Operas im Fernsehen* (S. 21-29). München: Verlag Reinhard Fischer.

Skill, T., Robinson, J. D. & Wallace, S. P. (1987). Portrayal of families on prime-time television: Structure, type and frequency. *Journalism Quarterly, 64,* 2, 360-367.

Skill, T. & Wallace, S. (1990). Family interactions on primetime television: A descriptive analysis of assertive power interactions. *Journal of Broadcasting & Electronic Media, 34,* 3, 243-262.

Skinner, B. F. (1938). *The behaviour of organisms: An experimental analysis.* New York: Appelton-Century-Crofts.

Skinner, B. F. (1973). Answers for my critics. In H. Wheeler (Hrsg.), *Beyond the punitive society: Operant conditioning: Social and political aspects.* San Francisco: Freeman.

Smith, L. J. (1994). A content analysis of gender differences in children's advertising. *Journal of Broadcasting & Electronic Media, 38,* 3, 323-337.

Somers, C. L. & Tynan, J. J. (2006). Consumption of sexual dialogue and content on television and adolescent sexual outcomes: multiethnic findings. *Adolescence, 41,* 161, 15-38.

Speece, D. L. (1994). Cluster analysis in perspective. *Exceptionality, 5,* 1, 31-44.

Staples, R. & Jones, T. (1985). Culture, ideology, and black television images. *The Black Scholar, 16*, 3, 10-20.

Statistisches Bundesamt Deutschland (o. J.). *Bevölkerungsstand*. [WWW Dokument] http://www.destatis.de/jetspeed/portal/cms/Sites/destatis/Internet/DE/Navigation/Statistik en/Bevoelkerung/Bevoelkerungsstand/Bevoelkerungsstand.psml (11.01.2008).

Sutherland, E. (1947). *Principles of criminology (4. Auflage)*. New York: Harper & Row, Publishers, Inc.

Taylor, A. S., & Harper, R. (2002, April). *Age-old practices in the 'new world': A study of gift-giving between teenage mobile phone users*. Vortrag auf der Conference on Human Factors and Computing systems (CHI 2002), Minneapolis, USA.

Taylor, A. S. & Harper, R. (2003). The gift of the gab: a design oriented sociology of young people's use of mobiles. *Journal of Computer Supported Cooperative Work, 12*, 3, 267-296.

Taylor, C. & Stern, B. (1997). Asian americans: Television advertising and the "model minority" stereotype. *Journal of Advertising, 26*, 2, 47-61.

Thomas-Martin, K. (2002). Damit das Handy nicht zur Schuldenfalle wird. Informationen Tipps und Materialen für die kostenbewusste Handynutzung – nicht nur für Jugendliche. Stuttgart: Verbraucherzentrale Baden-Württemberg [WWW Dokument] http://www.verbraucher-bildung.de/projekt01/media/pdf/Handy_Schuldenfalle.pdf (19.01.2008).

Trepte, S., Ranné, N. & Becker, M. (2003). „Personal digital assistants"-patterns of user gratifications. *Communications. European Journal of Communication Research, 8*, 4, 457-473.

U.S. Census Bureau (2006). *Resident Population – States: 1980 to 2006*. [WWW Dokument] http://www.census.gov/compendia/statab/tables/08s0012.pdf (11.01.2008).

Valente, T. W. (2005). Network models and methods for studying the diffusion of innovations. In P. J. Carrington, J. Scott & S. Wasserman (Hrsg.), *Models and methods in social network analysis* (S. 98-116). Cambridge: Cambridge University Press.

Vermunt, J. K. & Magidson, J. (2002). Latent class cluster analysis. In J. A. Hagenaars & A. L. McCutcheon (Hrsg.), *Applied latent class analysis* (S. 89-106). Cambridge: Cambridge University Press.

Vishwanath, A. (2007, Mai). *From belief-importance to intention: The impact of framing on technology adoption*. Vortrag auf der 57. Jahrestagung der International Communication Association "Creating Communication: Content, Critique & Control", San Francisco, USA.

Vishwanath, A. & Goldhaber, G. M. (2003). An examination of the factors contributing to adoption decisions among late-diffused technology products. *new media & society, 5*, 4, 547-572.

Vodafone (2007). *Happy Birthday Handy. Vor 15 Jahren wurde zum ersten Mal mobil telefoniert – im Vodafone-Netz!*. [WWW Dokument] http://www.vodafone.de/ unternehmen/ueber-vodafone/112079.html (27.10.2007).

von Collani, G. & Stürmer, S. (2002). Das Konstrukt Selbstüberwachung (self-monitoring) und seine Facetten. Eine deutschsprachige Skala. In A. Glöckner-Rist (Hrsg.), *ZUMA-Informationssystem. Elektronisches Handbuch sozialwissenschaftlicher Erhebungsinstrumente. Version 6.00*. Mannheim: Zentrum für Umfragen, Methoden, Analysen.

von Pape, T. (2008, in Druck). *Aneignung neuer Kommunikationstechnologien in sozialen Netzwerken*. Wiesbaden: VS Verlag.

von Pape, T., Karnowski, V. & Wirth, W. (2006). Identitätsbildung bei der Aneignung neuer Kommunikationsdienste. Ergebnisse einer qualitativen Studie mit jugendlichen Mobiltelefon-Nutzern. In L. Mikos, D. Hoffmann & R. Winter (Hrsg.), *Mediennutzung, Identität und Identifikationen. Die Sozialisationsrelevanz der Medien im Selbstfindungsprozess von Jugendlichen* (S. 21-38). Weinheim und München: Juventa.

von Pape, T., Karnowski, V. & Wirth, W. (2008, in Druck). Eine integrative Skala zur Messung des Konstruktes der Aneignung. In J. Matthes, W. Wirth, A. Fahr & G. Daschmann (Hrsg.), *Die Brücke zwischen Theorie und Empirie: Operationalisierung, Messung und Validierung in der Kommunikationswissenschaft.* Köln: Halem Verlag.

Ward, L. M. (1995). Talking about sex: common themes about sexuality in the prime-time television programs children and adolescents view most. *Journal of Youth and Adolescence, 24,* 5, 595-616.

Ward, L. M. & Friedman, K. (2006). Using TV as a guide: Associations between television viewing and adolescents' sexual attitudes and behavior. *Journal of Research on Adolescence, 16,* 1, 133-156.

Wei, R. (2008). Motivations for using the mobile phone for mass communications and entertainment. *Telematics and Informatics, 25,* 1, 36-46.

Weiber, R. (1995). Systemgüter und klassische Diffusionstheorie – Elemente einer Diffusionstheorie für kritische Masse-Systeme. In M.-W. Stoetzer & A. Mahler (Hrsg.), *Die Diffusion von Innovationen in der Telekommunikation* (S. 39-70). Berlin: Springer.

Weilenmann, A. (2001), Negotiating use: Making sense of mobile technology. *Personal and Ubiquitous Computing, 5,* 2, 137-145.

Weiss, H.-J. (1998). *Auf dem Weg zu einer kontinuierlichen Fernsehprogrammforschung der Landesmedienanstalten.* Berlin: Vistas.

Wilska, T.-A. (2003). Mobile phone use as part of young people's consumption styles. *Journal of Consumer Policy, 26,* 4, 441-463.

Wirth, W., von Pape, T. & Karnowski, V. (2005, Mai). *New technologies and how they are rooted in society.* Vortrag auf der 53. Jahrestagung der International Communication Association "Communication: Questioning the Dialogue", New York, USA.

Wirth, W., von Pape, T. & Karnowski, V. (2007a). Ein integratives Modell der Aneignung mobiler Kommunikationsdienste. In S. Kimpeler, M. Mangold & W. Schweiger (Hrsg.), *Die digitale Herausforderung. Zehn Jahre Forschung zur computervermittelten Kommunikation* (S. 77-90). Wiesbaden: VS Verlag für Sozialwissenschaften.

Wirth, W., von Pape, T. & Karnowski, V. (2007b). How to measure appropriation? Towards an integrative model of mobile phone appropriation. In T. Hess (Hrsg.), *Ubiquität, Interaktivität, Konvergenz und die Medienbranche: Ergebnisse des interdisziplinären Forschungsprojektes intermedia* (S. 83-105). Göttingen: Universitätsverlag Göttingen.

Wirth, W., von Pape, T. & Karnowski, V. (2008). An integrative model of mobile phone appropriation. *Journal of Computer-mediated Communication, 13,* 3, 593-617.

Wood, W., Wong, F. & Cachere, J. (1991). Effects of media violence on viewer's aggression in unconstrained social interaction. *Psychological Bulletin, 109,* 3, 371-383.

Wray, R. (2002). First with the message. Interview with Cor Stutterheim, executive chairman CMG. *The Guardian, 16. 3. 2002.* [WWW Dokument] http://business.guardian.co.uk/story/0,3604,668379,00.html (17. 02. 2007).

Zirkel, S. (2002). Is there a place for me? Role models and academic identity among white students and students of color. *Teachers College Record, 104,* 2, 357-376.

Anhang

Anhang A: Codebuch

Allgemeine Codieranweisungen

Gegenstand der Untersuchung ist die Identifikation und Beschreibung symbolischer Modelle der Handyaneignung in in den Jahren 1996 bis 2006 im deutschen Fernsehen ausgestrahlten Episoden von Familienserien und wöchentlichen Soaps. Untersucht werden alle Folgen der fünf Serien Lindenstraße, Dawson's Creek, Gilmore Girls, O.C. California und Sex and the City, die in den Jahren 1996 bis 2006 (bzw. 2005 im Fall der Lindenstraße) erstmals in Deutschland ausgestrahlt wurden. Dabei werden nur diejenigen Szenen untersucht, in welchen ein Mobiltelefon zu sehen oder hören ist und/oder sich das Gespräch um einen Aspekt von Mobilkommunikation dreht. Schlüsselbegriffe hierfür sind „Handy", „SMS", „Mobiltelefon", „Mailbox". „Anrufbeantworter" gilt nur dann als Schlüsselbegriff, wenn gleichzeitig ein Mobiltelefon sichtbar ist, auf welches Bezug genommen wird.

Analyseeinheit:
Eine Szene stellt eine Codiereinheit dar. Der Übergang von einer Szene zur nächsten ist entweder gekennzeichnet durch

- einen Wechsel in der Akteurskonstellation bei gleichzeitigem Themenwechsel oder
- einen Themenwechsel bei gleichbleibender Akteurskonstellation, wobei das neue Thema länger als 30 Sekunden konsekutiv behandelt wird. Kurze Einschübe im Gespräch, die sich einem anderen Thema widmen (z.B. „Wie spät ist es?") gelten dabei nicht als Ende der Szene, solange sie kürzer als 30 Sekunden dauern.

Als Akteur einer Szene gilt jede Person, die in dieser Szene zu Wort kommt oder das Geschehen handlungsrelevant nonverbal kommentiert. Die Akteure einer Szene müssen sich nicht zwingend physisch am selben Ort befinden, sie können auch nur über ein beliebiges Medium miteinander in Verbindung stehen, z.B. via (Mobil-)Telefon, Internetchat etc.

Springt das Geschehen von einem Handlungsstrang zu einem parallel ablaufenden anderen Handlungsstrang und kehrt dann wieder zurück, so gilt dies nicht als Ende der Szene, sondern die beiden Fragmente werden im oben genannten Sinne als eine Szene codiert.

Ziel der Inhaltsanalyse
Ziel der Inhaltsanalyse ist es, zu untersuchen in welchem Kontext Mobiltelefone in fiktionalen Fernsehserien zu sehen sind, und ob und wie fiktionale Akteure Aspekte der Mobilkommunikation in Gesprächen thematisieren. Diese beiden Bereiche der Darstellung von Mobilkommunikation sollen anhand von Aspekten des Mobile-Phone-Appropriation-Modells sowie der sozialkognitiven Lerntheorie beschrieben werden.

Vorgehen bei der Codierung
1.   Die einzelnen Episoden werden zunächst vollständig angesehen, um die handyrelevanten Szenen (s.o.) zu identifizieren.
2.   Im Anschluss werden die so identifizierten handyrelevanten Szenen codiert.

A – Allgemeine Variablen

A.01 Szenenidentifikationsnummer
Codiererin 1 beginnt mit 1, Codiererin 2 mit 1000, Codiererin 3 mit 2000

A.02 Codierer
1   Nicole Eckiert
2   Veronika Karnowski
3   Carola Westermeier

A.03 Serie
1   Lindenstraße (→ *A.05)*
2   Dawson's Creek
3   Gilmore Girls
4   O.C. California
5   Sex and the City

A.04 Staffelnummer

A.05 Folgennummer

A.06.1 Szenenbeginn (Minute)

A.06.2 Szenenbeginn (Sekunde)

A.07.1 Szenenende (Minute)

A.07.2 Szenenende (Sekunde)

A.08 Anzahl der Unterbrechungen durch Sprünge

A.09 Ort
1   Privatwohnung
2   Restaurant
3   Café
4   Bar/Kneipe/Discothek
5   Straße/Park
6   Büro
7   Arztpraxis/Krankenhaus
8   Auto
9   Schule/Universität
10 Sonstiges, bzw. verschiedene Orte

A.10 Tageszeit
1   Morgen
2   Vormittag
3   Mittag
4   Nachmittag
5   Abend
6   Nacht
7   Nicht erkennbar

A.11.1 Nutzung einer Funktionalität des Mobiltelefons (Akteursnutzung)
Ein Akteur nutzt eine Funktion eines Mobiltelefons. Hierzu zählt es auch zu Versuchen einen Anruf anzunehmen, obwohl nicht das eigene Gerät sondern ein anderes einen Anruf bzw. eine Textnachricht erhalten hat.
0   Nein
1   Ja (→ *Block B wird codiert*)

A.11.2 Mobiltelefon ohne Nutzung sichtbar (Existenz)
In dieser Szene ist ein Mobiltelefon sichtbar oder hörbar, es wird jedoch keine seiner Funktionalitäten genutzt.

0   Nein
1   Ja (→ *Block C wird codiert*)

A.11.3 Mobilkommunikation im Hintergrund (Hintergrundnutzung)
In dieser Szene wird durch einen Nichtakteur, zumeist im Hintergrund der Szene zu finden, ein Mobiltelefon genutzt.

0   Nein
1   Ja (→ *Block D wird codiert*)

A.11.4 Metakommunikation II
In dieser Szene wird über Mobilkommunikation gesprochen. Schlüsselbegriffe hierfür sind: „Handy", „SMS", „Mobiltelefon", „Mailbox". Grundsätzlich gilt auch jede auf Telefonie bezogene Äußerung die sich auf ein Mobiltelefon bezieht als Metakommunikation II.

0   Nein
1   Ja (→ *Block D wird codiert*)

Block B – Akteursnutzung

Dieser Block wird bearbeitet, wenn A11.1=1 ist. Er kann bis zu viermal pro Szene vercodet werden. In der Reihenfolge ihres Auftretens werden die erste Akteursnutzung als B1.X, die zweite Akteursnutzung als B2.x, etc. bezeichnet.

Bx.01 Nutzer
Anhand der →Akteursliste wird der Nutzer des Mobiltelefons erfasst.

Bx.02 Objektorientierter Nutzungsaspekt II

Bx.02.1 Nutzungsmodus

Bx.02.1.1 Ankommender Anruf
Der Akteur erhält einen Anruf auf einem Mobiltelefon.

0   Nein
1   Ja

Bx.02.1.2 Abgehender Anruf
Der Akteur tätigt mit einem Mobiltelefon einen Anruf. Es ist nicht zwingend nötig, dass er den Angerufenen auch erreicht.
0   Nein
1   Ja

Bx.02.1.3 Unklares Telefonat
Ein Akteur telefoniert mit seinem Handy. Es ist für den Rezipienten jedoch nicht ersichtlich, wer wen angerufen hat.
0   Nein
1   Ja

Bx.02.1.4 Ankommende Textnachricht
Der Akteur erhält eine SMS auf einem Mobiltelefon.
0   Nein
1   Ja

Bx.02.1.5 Abgehende Textnachricht
Der Akteur verschickt mit einem Mobiltelefon eine Textnachricht.
0   Nein
1   Ja

Bx.02.1.6 Irrtümliche Reaktion
Der Akteur denkt, er hätte einen Anruf bzw. eine Nachricht auf seinem Mobiltelefon erhalten und versucht diese(n) anzunehmen. Dabei hat er sich jedoch getäuscht. Hierzu zählt es auch, wenn Akteure auf das Display ihres Mobiltelefons sehen, um zu kontrollieren, ob sie eine Textnachricht erhalten haben oder einen Anruf verpasst haben, wenn dies jedoch nicht der Fall ist.
0   Nein
1   Ja

Bx.02.1.7 Sonstige Handyfunktionen
Der Akteur nutzt eine weitere Funktionalität des Mobiltelefons abgesehen von Telefonie und Textnachrichten (z.B. Organizer, Kamera, Abhören der Mailbox, etc.).
0   Nein
1   Ja

Bx.02.2 Handyschmuck

Bx.02.2.1 Chin-chin
Das Mobiltelefon ist sichtbar mit einem kleinen Schmuckschwänzchen, das am
Mobiltelefon selbst, an der Oberschale oder an der Handyhülle befestigt wird,
geschmückt.
0   Nein
1   Ja

Bx.02.2.2 Logo
Auf dem Handydisplay ist sichtbar ein individuelles Logo eingerichtet.
0   Nein
1   Ja

Bx.02.2.3 Handyflasher
Das Handy ist sichtbar mit einem Handyflasher geschmückt.
0   Nein
1   Ja

Bx.02.2.4 Farbe
Im Zweifelsfall wird hier die Farbe der Oberschale codiert.
1   Schwarz/silber/grau
2   Sonstige Farbe
9   Nicht erkennbar

Bx.02.3 Klingelton

Bx.02.3.1 Auftreten Klingelton
Der Klingelton (=Ton der einen eingehenden Anruf oder eine eingehende
Textnachricht signalisiert) des Mobiltelefons ist hörbar.
0   Nein (→ Bx.02.4)
1   Ja

Bx.02.3.1 Art des Klingeltons
1   Klingeln
      Als Klingeln wird ein Klingelton bezeichnet, bei dem ein Ton oder eine
      Tonabfolge für einen festen Zeitraum von max. vier Sekunden zu hören
      ist, für einen festen Zeitraum pausiert, dann wieder zu hören ist, etc.

2 Melodie
Als Melodie wird eine Abfolge von mindestens zwei Tönen bezeichnet, welche kein Klingeln im obengenannten Sinne darstellt.
3 Sonstiger Ton

Bx.02.4 Handling
An dieser Stelle wird codiert, an welchem Ort sich das Mobiltelefon vor der Nutzung befand.
1 Auf einem Tisch/Kommode etc.
2 Sichtbar am Körper getragen
3 Unsichtbar am Körper getragen
4 In einer Tasche/ Koffer etc.
5 Sonstiges
9 Nicht erkennbar

Bx.03 Funktionaler Nutzungsaspekt II

Bx.03.1 Ablenkung/Zeitvertreib
Die Beschäftigung mit dem Mobiltelefon verfolgt, abgesehen von dem Anliegen sich zu amüsieren, kein weiteres offensichtliches Ziel.
0 Nein
1 Ja

Bx.03.2 Alltagsorganisation
Durch die Nutzung des Mobiltelefons wird das alltägliche Leben koordiniert.

Bx.03.2.1 Koordination
Hierunter fallen beispielsweise die Koordination von Terminen, das Verwalten von Kontaktadressen, etc. Hierzu zählen z.B. auch kurze Aussagen wie „Ich komme gleich“, „Ich bin gleich da“.
0 Nein
1 Ja

Bx.03.2.2 Gezielter Informationsaustausch
Das Mobiltelefon wird mit der Absicht genutzt, gezielt spezifische Informationen mitzuteilen oder nachzufragen, wobei Koordinationsaspekte (vgl. oben) explizit ausgeklammert sind.
0 Nein
1 Ja

Bx.03.3 Kontaktpflege
Das Handy wird genutzt, um die Kontakte zu Freunden oder Familienmitgliedern zu pflegen. Man wollte sich nur mal wieder melden, und dem anderen berichten, was sich im eigenen Leben momentan abspielt bzw. vom Anderen erfahren, was in dessen Leben momentan passiert. Hierzu zählt es auch, sich für Dinge zu bedanken oder zu entschuldigen.
0   Nein
1   Ja

Bx.03.3 Kontrolle
Die Handynutzung zielt darauf ab, sich zu versichern, was eine andere Person gerade tut bzw. wo sie gerade ist: „Wo bist du gerade?", „Bist du schon zuhause?", „Was machst du?" etc.
0   Nein
1   Ja

Bx.04 Erfolg
An dieser Stelle wird codiert, ob der Akteur sein Ziel im Sinne des funktionalen Nutzungsaspekts II (Variablen Bx.03.1 bis Bx.03.4), erreicht hat. Dies ist auch der Fall, wenn der Akteur nur reagiert, diese Reaktion aber nur aufgrund der Nutzung des Mobiltelefons möglich war.
1   Akteur erreicht sein Ziel durch die Nutzung des Mobiltelefons
2   Ambivalent
3   Akteur erreicht sein Ziel nicht durch die Nutzung des Mobiltelefons
9   Nicht erkennbar

Block C – Existenz

Dieser Block wird bearbeitet, wenn A11.2=1 ist. Er kann bis zu viermal pro Szene vercodet werden. In der Reihenfolge ihres Auftretens werden die erste Existenz als C1.x, die zweite Existenz als C2.x, etc. bezeichnet.

Cx.01 Akteur
Anhand der → Akteursliste wird erfasst, welchem Akteur das Mobiltelefon zugeordnet ist.

Cx.02 Objektorientierter Nutzungsaspekt II

Cx.02.1 Handyschmuck

Cx.02.1.1 Chin-chin
Das Mobiltelefon ist sichtbar mit einem kleinen Schmuckschwänzchen, das am Mobiltelefon selbst, an der Oberschale oder an der Handyhülle befestigt wird, geschmückt.
0   Nein
1   Ja

Cx.02.1.2 Logo
Auf dem Handydisplay ist sichtbar ein individuelles Logo eingerichtet.
0   Nein
1   Ja

Cx.02.1.3 Handyflasher
Das Handy ist sichtbar mit einem Handyflasher geschmückt.
0   Nein
1   Ja

Cx.02.1.4 Farbe
Im Zweifelsfall wird hier die Farbe der Oberschale codiert.
1   Schwarz/silber/grau
2   Sonstige Farbe
9   Nicht erkennbar

Cx.02.2 Klingelton

Cx.02.2.1 Auftreten Klingelton
Der Klingelton (= Ton, der einen eingehenden Anruf oder eine eingehende Textnachricht signalisiert) des Mobiltelefons ist hörbar.
0   Nein (→ *Bx.02.4)*
1   Ja

Cx.02.2.1 Art des Klingeltons
1   Klingeln
       Als Klingeln wird eine Klingelton bezeichnet, bei dem ein Ton oder
       eine Tonabfolge für einen festen Zeitraum von max. vier Sekunden zu

hören ist, für einen festen Zeitraum pausiert, dann wieder zu hören ist, etc.

2   Melodie
Als Melodie wird eine Abfolge von mindestens zwei Tönen bezeichnet, welche kein Klingeln im obengenannten Sinne darstellt.

3   Sonstiger Ton

Cx.02.3 Handling
An dieser Stelle wird codiert, an welchem Ort sich das Mobiltelefon befindet.

1   Auf einem Tisch/Kommode etc.
2   Sichtbar am Körper getragen
3   Unsichtbar am Körper getragen
4   In einer Tasche/ Koffer etc.
5   Sonstiges
9   nicht erkennbar

Block D – Hintergrundnutzung

Dieser Block wird bearbeitet, wenn A11.3=1 ist. Er kann bis zu viermal pro Szene vercodet werden. In der Reihenfolge ihres Auftretens wird die erste Hintergrundnutzung als D1.x, die zweite Hintergrundnutzung als D2.x, etc. bezeichnet.

Dx.01 Geschlecht des Nutzers
1   Männlich
2   Weiblich
3   Nicht erkennbar

Dx.02 Objektorientierter Nutzungsaspekt II

Dx.02.1 Nutzungsmodus

Dx.02.1.1 Telefonie
Der Nutzer hält das Gerät bei der Nutzung an sein Ohr oder trägt ein Headset.
0   Nein
1   Ja

Dx.02.1.2 Sonstige Nutzung
Hier werden alle Nutzungsweisen mit Ausnahme von Dx.02.1.1 erfasst.
0   Nein
1   Ja

Dx.02.2 Handyschmuck

Dx.02.2.1 Chin-chin
Das Mobiltelefon ist sichtbar mit einem kleinen Schmuckschwänzchen, das am
Mobiltelefon selbst, an der Oberschale oder an der Handyhülle befestigt wird,
geschmückt.
0   Nein
1   Ja

Dx.02.2.2 Logo
Auf dem Handydisplay ist sichtbar ein individuelles Logo eingerichtet.
0   Nein
1   Ja

Dx.02.2.3 Handyflasher
Das Handy ist sichtbar mit einem Handyflasher geschmückt.
0   Nein
1   Ja

Dx.02.2.4 Farbe
Im Zweifelsfall wird hier die Farbe der Oberschale codiert.
1   Schwarz/silber/grau
2   Sonstige Farbe
9   nicht erkennbar

Dx.02.3 Klingelton
Dx.02.3.1 Auftreten Klingelton
Der Klingelton (= Ton, der einen eingehenden Anruf oder eine eingehende
Textnachricht signalisiert) des Mobiltelefons ist hörbar.
0   Nein (→ Bx.02.4)
1   Ja

Dx.02.3.1 Art des Klingeltons

1   Klingeln

Als Klingeln wird eine Klingelton bezeichnet, bei dem ein Ton oder eine Tonabfolge für einen festen Zeitraum von max. vier Sekunden zu hören ist, für einen festen Zeitraum pausiert, dann wieder zu hören ist etc.

2   Melodie

Als Melodie wird eine Abfolge von mindestens zwei Tönen bezeichnet welche kein Klingeln im obengenannten Sinne darstellt.

3   Sonstiger Ton

Dx.02.4 Handling

An dieser Stelle wird codiert, an welchem Ort sich das Mobiltelefon vor der Nutzung befand.

1   Auf einem Tisch/Kommode etc.

2   Sichtbar am Körper getragen

3   Unsichtbar am Körper getragen

4   In einer Tasche/Koffer etc.

5   Sonstiges

9   Nicht erkennbar

Block E – Metakommunikation II

Dieser Block wird bearbeitet, wenn A11.4=1 ist. Er kann bis zu viermal pro Szene vercodet werden. Alle handybezogenen Aussagen eines Akteurs innerhalb einer Szene werden gemeinsam als eine Metakommunikation II betrachtet. In der Reihenfolge ihres Auftretens wird die erste Metakommunikation II als E1.X, die zweite Metakommunikation II als E2.x, etc. bezeichnet.

Ex.01 Akteure

Ex.01.1 Kommentierender Akteur

Hier wird anhand der → Akteursliste erfasst, wer spricht.

Ex.01.2 Kommentierter Akteur

Hier wird anhand der → Akteursliste erfasst, auf welchen Akteur sich die Metakommunikation II bezieht. Bezieht sich die Metakommunikation II nicht auf einen anderen Akteur wird vercodet

000   Nicht zutreffend, keine Kommentierung eines Akteurs

Ex.02 Art der Aussage
1   Verbal
2   Nonverbal
3   Beides

Ex.03 Momentane Relation zwischen kommentierendem und kommentiertem
        Akteur
1   Die beiden Akteure befinden sich in einem Gespräch.
2   Die beiden Akteure sind am selben Ort, jedoch richtet sich die Aussage
         des Akteurs nicht an den kommentierten Akteur.
3   Der kommentierte Akteur ist raumzeitlich vom Akteur getrennt.
4   Der Akteur kommentiert sich selbst.
9   Nicht zutreffend

Ex.04 Objektbezogener Nutzungsaspekt III

Ex.04.1 Nutzungsmodus

Ex.04.1.2 Telefonie
Die Möglichkeit, mit dem Handy zu telefonieren bzw. die Mailbox zu nutzen,
wird thematisiert.
0   Nein
1   Ja

Ex.04.1.2 Textnachrichten
Die Möglichkeit, mit dem Handy Textnachrichten zu versenden, wird thematisiert.
0   Nein
1   Ja

Ex.04.1.2 Sonstige Funktionen
Die Möglichkeit, sonstige Funktionalitäten (z.B. Kamera, Organizer) des
Handys zu nutzen, mit Ausnahme der in Ex.04.1.1 und Ex.04.1.2 erwähnten,
wird thematisiert.
0   Nein
1   Ja

Ex.04.2 Generelle Nutungshäufigkeit
Es wird thematisiert, wie häufig jemand generell sein Mobiltelefon nutzt, z. B.
„…telefoniert ständig mit seinem/ihrem Handy", „Warum hat … ein Handy,
er/sie nutzt es ja nie".
0   Nein
1   Ja

Ex.04.3 Gestaltung
Die Gestaltung des Mobiltelefons durch seine Farbe oder Handyschmuck wie
Chin-chins, Logos oder Handyflasher wird thematisiert.
0   Nein
1   Ja

Ex.04.4 Klingelton
Handyklingeltöne werden thematisiert.
0   Nein
1   Ja

Ex.04.5 Handling
Der Ort, an welchem ein Mobiltelefon verwahrt bzw. getragen wird, wird thematisiert.
0   Nein
1   Ja

Ex.05 Symbolischer Nutzungsaspekt III

Ex.05.1 Soziale Dimension
Es wird thematisiert, dass eine Person durch ihr Mobiltelefon bzw. dessen Nutzung ihren Status in der Gruppe beeinflusst oder auch dass dies generell möglich ist, z.B. „Der schämt sich für sein Handy", „Der gibt aber ganz schön mit
seinem Handy an", etc.
0   Nein
1   Ja

Ex.05.1.1 Stärke der sozialen Dimension
Hier wird codiert, ob dem sozialen Aspekt in diesem Fall eine hohe oder niedrige Wichtigkeit zugeordnet wird.
1   Niedrig
2   Hoch

Ex.05.1.2 Richtung der sozialen Dimension
Hier wird codiert, wie der soziale Aspekt in diesem Zusammenhang wahrgenommen wird. Ob als positiv, den sozialen Status unterstützend oder negativ,
dem sozialen Status hinderlich.
1   Positiv
2   Negativ

Ex.05.2 Psychologische Dimension
Es wird thematisiert, dass eine Person ihr Mobiltelefon für ihr Selbstverständnis
benötigt bzw. dass dies generell möglich ist, z.B. „Ohne Handy wäre der nur ein
halber Mensch", „Ich könnte ohne mein Handy nicht leben", etc.
0   Nein
1   Ja

Ex.05.2.1 Stärke der psychologischen Dimension
Hier wird codiert, ob dem psychologischen Aspekt in diesem Fall eine hohe
oder niedrige Wichtigkeit zugeordnet wird.
1   Niedrig
2   Hoch

Ex.05.2.2 Richtung der psychologischen Dimension
Hier wird codiert, wie der psychologische Aspekt in diesem Zusammenhang
wahrgenommen wird. Ob als positiv, das psychologische Selbst unterstützend
oder negativ, dem psychologischen Selbst hinderlich.
1   Positiv
2   Negativ

Ex.05 Funktionaler Nutzungsaspekt III

Ex.05.1 Ablenkung/ Zeitvertreib
Es wird thematisiert, dass die Beschäftigung mit dem Mobiltelefon, abgesehen
von dem Anliegen sich zu amüsieren, kein weiteres offensichtliches Ziel verfolgt.
0   Nein
1   Ja

Ex.05.2 Alltagsorganisation
Es wird thematisiert, dass durch die Nutzung des Mobiltelefons das alltägliche
Leben koordiniert wird.
0   Nein
1   Ja

Ex.05.3 Kontaktpflege
Es wird thematisiert, dass das Handy genutzt wird, um den Kontakte mit Freunden bzw. Familienmitgliedern zu pflegen.
0   Nein
1   Ja

Ex.05.3 Kontrolle
Es wird thematisiert, dass es Ziel der Mobiltelefonnutzung sein kann, sich zu
versichern, was eine andere Person gerade tut bzw. wo sie gerade ist.
0   Nein
1   Ja

Ex.06 Normbewertungen III

Ex.06.1 Diskussion von Normen
Es werden Normen hinsichtlich der Mobiltelefonnutzung thematisiert. Dies können beispielsweise Themen, die man am Handy besprechen darf oder Orte, an
denen man ein Mobiltelefon nutzen darf, sein. Es handelt sich in diesem Fall um
ein tatsächliches Gespräch bei dem Pro und Contra angesprochen werden.
0   Nein
1   Ja

Ex.06.2 Hinweis auf Normverletzung bzw. -beachtung
Es wird auf eine Verletzung oder Beachtung einer Norm durch den Handygebrauch hingewiesen, z.B. der Hinweis, dass das Telefonieren an diesem Ort
nicht gestattet oder erwünscht ist oder die Aussage, dass es schön ist, dass man
gerade zum Telefonieren den Tisch verlassen hat.
0   Nein (→ Ex.07)
1   Ja, Verletzung
2   Ja, Beachtung (→ Ex.07)

Ex.06.2 Tolerierung einer Normverletzung
Obwohl auf eine Normverletzung hingewiesen wurde, wird diese toleriert, d.h.
der kommentierende Akteur unternimmt nichts, um die Normverletzung zu unterbinden.

0   Nein
1   Ja

Ex.07 Restriktionen

Ex.07.1 Finanziell
Es werden finanzielle Restriktionen im Zusammenhang mit der Mobiltelefonnutzung angesprochen, z.B. „Du nimmst Dein Handy nicht mehr her, weil Dir das Geld fehlt, oder?"

0   Nein
1   Ja, vorhanden
2   Ja, nicht vorhanden

Ex.07.2 Technisch
Es werden technische Restriktionen im Zusammenhang mit der Mobiltelefonnutzung angesprochen, z.B. „Mein Handy kann das nicht".

0   Nein
1   Ja, vorhanden
2   Ja, nicht vorhanden

Ex.07.3 Zeitlich
Es werden zeitliche Restriktionen im Zusammenhang mit der Mobiltelefonnutzung angesprochen, z.B. „Ich habe nicht die Zeit, alles an meinem Handy auszuprobieren.".

0   Nein
1   Ja, vorhanden
2   Ja, nicht vorhanden

Ex.07.4 Kognitiv
Es werden kognitive Restriktionen im Zusammenhang mit der Mobiltelefonnutzung angesprochen, z.B. „Das ist mir alles viel zu kompliziert.".

0   Nein
1   Ja, vorhanden
2   Ja, nicht vorhanden

Ex.08 Verstärkung
An dieser Stelle wird festgehalten, ob der kommentierende Akteur das themati-
sierte Mobilkommunikationsverhalten lobt oder tadelt.

0   Kein Lob oder Tadel
1   Lob
2   Tadel
3   Ambivalent

Akteursliste

Lindenstraße
001   Jaqueline Aichinger
002   Carmen Altmann
003   Alexander Behrend
004   Benny Beimer
005   Hans Beimer
006   Helga Beimer
007   Klaus Beimer
008   Marion Beimer
009   Nina Beimer
010   Sonia Besirsky
011   Bariya Birabi
012   Elisabeth Birkhahn
013   Christian Brenner
014   Franziska Brenner
015   Roberto Buchstab
016   Sabrina Buchstab
017   Dr. Ahmet Dagdelen
018   Murat Dagdelen
019   Rashid Daruwalla
020   Frank Dressler
021   Dr. Ludwig Dressler
022   Georg "Käthe" Eschweiler
023   Fabian Feldmann
024   Beate Flöter
025   Dr. Carsten Flöter
026   Felix Flöter
027   Berta Griese
028   Gottlieb Griese
029   Manoel Griese
030   Jan Günzel
031   Julian Hagen
032   Penner Harry
033   Lisa Hoffmeister
034   Nora Horowitz
035   Mikis Houeris
036   Hans Wilhelm Hülsch

037	Stephan Kettner
038	Olli Klatt
039	Egon Kling
040	Else Kling
041	Ines Kling
042	Olaf Kling
043	Hubert Koch
044	Rosemarie Koch
045	David Krämer
046	Oskar Krämer
047	Peter Lottmann
048	Pia Lorenz
049	Amélie von der Marwitz
050	Julia von der Marwitz
051	Dominique Mourrait
052	Andrea Neumann
053	Lydia Nolte
054	Enrico Pavarotti
055	Isolde Pavarotti
056	Gung Pham Kein
057	Franz Joseph Pichelsteiner
058	Angela Pilsinger
059	Heiko Quant
060	Rudi Quant
061	Claudia Rantzow
062	Dieter Rantzow
063	Suzanne Richter
064	Fausto Rossini
065	Ernst-Hugo v. Salen-Priesnitz
066	Elena Sarikakis
067	Mary Sarikakis
068	Panaiotis Sarikakis
069	Vasily Sarikakis
070	Tanja Schildknecht
071	Tante Betty Schiller
072	Erich Schiller
073	Daniela Schmitz
074	Nastya Scholz-Pashenko
075	Hans-Joachim Scholz
076	Hildegard Scholz
077	Phil Seegers
078	Bruno Skabowski
079	Dr. Eva-Maria Sperling
080	Kurt Sperling
081	Moritz Sperling
082	Philipp Sperling
083	Maja Starck
084	Matthias Steinbrück
085	Marcella Varese
086	Paolo Varese

087	Leonie Vogt
088	Ute Weigel
089	Irina Winicki
090	Paula Winicki
091	Urszula Winicki
092	Wanda Winicki
093	Franz Wittich
094	Konrad Wöhrl
095	Pat Wolfson
096	Andreas Zenker
097	Gabriele Zenker
098	Iphigenie Zenker
099	Max Zenker
100	Valerie Zenker
101	Anna Ziegler
102	Sarah Ziegler
103	Sophie Ziegler
104	Tom Ziegler

Dawson's Creek

105	Joey Potter
106	Jen Lindley
107	Pacey Witter
108	Dawson Leery
109	Jack McPhee
110	Evelyn 'Grams' Ryan
111	Andie McPhee
112	Gail Leery
113	Mitch Leery
114	Audrey Liddell
115	Bessie Potter
116	Gretchen Witter
117	Doug Witter
118	Drue Valentine
119	Eddie Doling
120	Henry Parker
121	Abby Morgan
122	Todd Carr
123	Charlie Todd
124	C.J.
125	Emma Jones
126	Bodie Wells

Gilmore Girls

127	Lorelai Gilmore
128	Rory Gilmore
129	Luke Danes
130	Michel Gerard
131	Emily Gilmore
132	Richard Gilmore

133	Sookie St. James
134	Lane Kim
135	Kirk Gleason
136	Paris Geller
137	Miss Patty
138	Dean Forester
139	Logan Huntzberger
140	Jackson Bellville
141	Taylor Doose
142	Babette Dell
143	Mrs. Kim
144	Zack van Gerbig
145	Jess Mariano
146	Christopher Hayden
147	Louise Grant
148	Madeline Lynn
149	Brian Fuller
150	Gypsy
151	Doyle McMaster
152	Ceaser
153	Andrew
154	Morey Dell
155	Grant
156	Liz Danes
157	Colin McCrea
158	Lulu
159	Finn
160	Jason Stiles
161	T. J.
162	Gil
163	April Nardini
164	Tom
165	Max Medina
166	Glenn Babble
167	Tristin Dugray
168	Hanlin Charleston
169	Marty
170	Joe

O. C. California

171	Sandy Cohen
172	Kirsten Cohen
173	Ryan Atwood
174	Seth Cohen
175	Summer Roberts
176	Julie Cooper
177	Marissa Cooper
178	Jimmy Cooper
179	Caleb Nichol
180	Taylor Townsend

181	Luke Ward
182	Kaitlin Cooper
183	Zach Stevens
184	Dr. Neil Roberts
185	Anna Stern
186	Kevin Volchok
187	Matt Ramsey
188	Alex Kelly
189	Theresa Diaz
190	Hailey Nichol
191	Lindsay Gardner
192	Johnny Harper
193	Brad Ward
194	Eric Ward

Sex and the City

195	Carrie Bradshaw
196	Samantha Jones
197	Charlotte York
198	Miranda Hobbes
199	Mr. Big
200	Steve Brady
201	Stanford Blatch
202	Trey McDougal
203	Aidan Shaw
204	Harry Goldenblatt
205	Jerry "Smith" Jerrod
206	Magda
207	Richard Wright
208	Anthony Mariano
209	Bunny McDougal

| 998 | Keine Zuordnung möglich |
| 999 | Sonstige |

Anhang B: Liste der handyrelevanten Lindenstraßenfolgen (1996-2005)

Folge	Titel
533	Mafia gegen Mafia
565	Treue
592	Krähenflug
631	Frisch gewagt
632	Verschnupft
656	Unter Zwang
658	Denn erstens kommt es anders...
663	Selbstjustiz
665	Trauer und Bosheit
684	Bennys Vermächtnis
710	Hoher Besuch
711	Heimat, süße Heimat
721	Der 2. Hochzeitstag der Berta Griese
728	Die Parteigründung
742	Höhenflüge
745	Die richtige Medizin
757	Weißer Donnerstag
759	Perlen vor die Säue
760	Hochzeitstanz
768	Abgründe
774	Da, wo es weh tut
777	Sieben
778	Schwerer Stand
779	Sicherheit
780	Alles sauber
789	Angeschlagen
790	Schwere Schritte
794	Kosmopolit
798	Böse Überraschungen
799	Konfuzes Rache
802	Lebe wohl...
804	Ausbruch
807	Extrawurst
808	Auf die Liebe
809	Kälteeinbruch
810	Glück im Unglück
812	Donnerwetter
814	Gebrochene Herzen
815	Seifenblasen
816	Lügner
817	Livemusik
826	Es wird kalt
827	Orpheus und Eurydike
828	Die Verwandlung
831	Interna
833	Stumme Schreie
834	Die Kündigung

Made in United States
Orlando, FL
22 March 2026

79538826R10125